传感器技术及其应用

主　编　冯珊珊　李旭鑫
副主编　王秀乾

U0234297

北京理工大学出版社
BEIJING INSTITUTE OF TECHNOLOGY PRESS

图书在版编目（ＣＩＰ）数据

传感器技术及其应用／冯珊珊，李旭鑫主编． -- 北
京：北京理工大学出版社，2023.9
　　ISBN 978-7-5763-2918-6

Ⅰ．①传…　Ⅱ．①冯…②李…　Ⅲ．①传感器-高等
学校-教材　Ⅳ．①TP212

中国国家版本馆 CIP 数据核字（2023）第 182649 号

责任编辑：王梦春　　文案编辑：闫小惠
责任校对：周瑞红　　责任印制：李志强

出版发行 / 北京理工大学出版社有限责任公司
社　　址 / 北京市丰台区四合庄路 6 号
邮　　编 / 100070
电　　话 / (010) 68914026（教材售后服务热线）
　　　　　 (010) 68944437（课件资源服务热线）
网　　址 / http：//www.bitpress.com.cn

版 印 次 / 2023 年 9 月第 1 版第 1 次印刷
印　　刷 / 河北盛世彩捷印刷有限公司
开　　本 / 787 mm×1092 mm　1/16
印　　张 / 13.5
字　　数 / 309 千字
定　　价 / 69.00 元

前　言

为贯彻落实党的二十大精神，助推中国制造高质量发展，该教材根据学生就业后从事相关职业岗位的实际工作需求，确定学生职业岗位对知识、能力及素质的需求，立足于高职高专人才培养目标而编写的，是突出实用性、实践性和针对性，以提高就业优势为导向的项目式教材。

本书采用项目形式编写，内容紧密联系相关专业的工程实际，将知识点贯穿于项目中，遵循从简单到复杂循序渐进的教学规律，注重工程实践能力的提高，重点突出对学生职业技能及职业素质的培养，力求全面、翔实、通俗。

全书按照项目引入、项目分解、学习目标、项目展现、项目小结、知识拓展、习题与思考七个方面的内容来设计，将知识点的学习直接嵌入项目中，以项目为载体，实现教学目标，做到理论与实际无缝对接。本书按照由简单到复杂，由理论到实践，以及学生的认知规律安排教材内容，教学内容贴近生活实际，激发学生学习兴趣，增进学生认知速度，提高学生理解能力、分析能力、创新能力及解决实际问题的能力。

"传感器技术及其应用"课程是在学习了实用电工技术、模拟电路分析与应用、数字电路分析与应用等专业基础课程之后开设的，本课程为后续专业课程的学习打好基础。在学习本课程理论知识的基础上，能够配备传感器原理实训室和传感器应用实训室最佳，可保证项目的顺利实施。本书主要包含传感器基础、力的测量、位移的测量、温度的测量、光参数的检测、磁性量的检测、数字式位移的测量、环境参数的检测、现代检测技术。本书按工程实际编写 9 个项目，为达到思政目标、拓宽学生的视野、关注学生的可持续发展能力，每个项目均增加了知识拓展部分，确保学生在深刻理解基本知识和基本技能基础上，完善知识的连贯性、系统性和广泛性，使学生更深刻体会传感器在实际中的应用方法、应用技巧及其后续发展方向，从而提高学生的职业能力及就业优势。

本书由辽宁建筑职业学院机电工程学院冯珊珊、李旭鑫、王秀乾编写。具体分工如下：李旭鑫老师编写前言、目录、附录、项目 1~3；冯珊珊老师编写项目 4~6；王秀乾老师编写项目 7~9。

本书在编写过程中，得到了辽宁建筑职业学院相关部门的大力支持，同时参阅了许多同行专家的论著文献，在此一并表示衷心的感谢。

由于编者知识水平和实践经验有限，书中难免存在疏漏和不妥之处，恳请广大读者和同行批评指正。

编　者

目 录

项目1 传感器基础

项目引入

世界是由物质组成的，表征物质特性或其运动形式的参数很多，物质的电特性可分为电量和非电量两类。非电量不能直接使用一般电工仪表和电子仪器测量，需要转换成与非电量有一定关系的电量，再进行测量。实现这种转换技术的器件称为传感器。自动检测和自动控制系统处理的大都是电量，通常需通过传感器对非电量的原始信息进行精确可靠的捕获并将其转换为电量。

"没有传感器就没有现代科学技术"的观点已被全世界所公认。以传感器为核心的检测系统就像神经和感官一样，源源不断地向人类提供宏观与微观世界的种种信息，成为人们认识自然、改造自然的有力工具。

项目分解

知识目标

（1）掌握传感器的定义和组成。

（2）了解传感器的分类。

（3）理解传感器的静态特性和动态特性。

（4）掌握误差的分类。

（5）了解传感器与智能检测技术的发展。

能力目标

（1）能辨识常用传感器。

（2）能作图求传感器的灵敏度。

（3）能作图求传感器的线性度。

（4）能计算有关准确度误差。

（5）能正确选用仪表精度等级。

素养目标

（1）激发爱国情怀。

（2）培养举一反三的学习方法。

（3）引导创新思维。

（4）培养爱国敬业、精益求精的品质。

任务1　传感器的认知

任务引入

传感器技术广泛应用于工业生产、家电行业、智能产品、交通领域、航天技术、海洋探测、国防军事、环境监测、资源调查、医学诊断、生物工程及文物保护等领域。传感器技术主要研究传感器的原理、材料、设计、制作和应用等内容。传感器技术与通信技术、计算机技术一起分别构成信息技术系统的"感官""神经"和"大脑"，是现代信息产业的三大支柱之一。

学习要点

1.1.1　传感器的定义与组成

1. 传感器的定义

传感器是能感受被测量并按照一定的规律转换成可用输出信号的器件或装置，通常由敏感元件和转换元件组成（GB/T 7665—2005《传感器通用术语》）。由于传感器所检测的信号种类繁多，为方便地对各种各样的信号进行检测及控制，就必须获得尽量简单且易于处理的信号，这样的要求只有电信号能够满足。电信号能够比较容易地进行放大、反

传感器的定义和组成

馈、滤波、微分、存储、远距离操作等。因此，传感器也可以狭义地定义为将外界非电物理量按一定规律转换成电信号输出的器件或装置。传感器有时又被称为变换器、换能器、探测器、检知器等。

2. 传感器的组成

传感器的组成部分主要包括敏感元件、转换元件、测量电路、辅助电源等，如图 1-1 所示。其中，敏感元件是指传感器中能直接感受或响应被测量的部分；转换元件是指传感器中能将敏感元件感受或响应的被测量转换成适于传输或测量的电信号部分。应该指出的是，并不是所有的传感器都必须包括敏感元件和转换元件。如果敏感元件直接输出的是电量，它就同时兼为转换元件；如果转换元件能直接感受被测量而输出与之成一定关系的电量，此时传感器就无敏感元件。例如，压电晶体、热电偶、热敏电阻及光电元件等。敏感元件与转换元件两者合二为一的传感器是很多的。

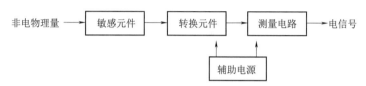

非电物理量 ——→ 敏感元件 ——→ 转换元件 ——→ 测量电路 ——→ 电信号
辅助电源

图 1-1　传感器的组成框图

图 1-1 中测量电路的作用是把转换元件输出的电信号变换为便于处理、显示、记录和控制的可用电信号。其类型视转换元件的不同而定，经常采用的有电桥电路和其他特殊电路，如高阻抗输入电路、脉冲电路、振荡电路等。辅助电源供给转换能量，有的传感器需要外加电源才能工作，如应变片组成的电桥、差动变压器等；有的传感器则不需要外加电源便能工作，如压电晶体等。从测量电路输出的信号可用于自动控制系统执行机构，也可直接和计算机系统连接，对测量结果进行信息处理。

图 1-2 为一台测量压力用的电位器式压力传感器结构示意图。当被测压力 p 增大时，弹簧管撑直，通过齿条带动齿轮转动，从而带动电位器的电刷产生角位移。电位器电阻的变化量反映了被测压力 p 的变化。

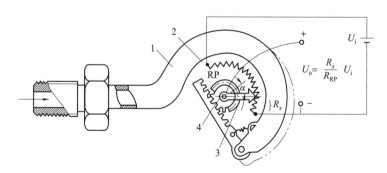

$$U_o = \frac{R_x}{R_{RP}} U_i$$

1—弹簧管（敏感元件）；2—电位器（转换元件、测量电路）；
3—电刷；4—传动机构（齿轮-齿条）。
图 1-2　电位器式压力传感器结构示意图

在这个传感器中，弹簧管为敏感元件，它将压力转换成角位移 α。电位器为转换元件，它将角位移转换为电参数——电阻的变化（ΔR）。当电位器的两端加上电源后，电位器就组成分压比电路，它的输出量是与压力成一定关系的电压 U_o。在此例中，电位器又属于分压比式测量电路。

结合上述工作原理，可将图 1-2 方框中的内容具体化，如图 1-3 所示。

$$p \xrightarrow{\text{（压力）}} \boxed{弹簧管} \xrightarrow[\text{（角位移）}]{\alpha} \boxed{电位器} \xrightarrow[\text{（电阻值）}]{\Delta R} \boxed{分压比电路} \xrightarrow[\text{（输出电压）}]{U_o}$$

图 1-3　电位器式压力传感器原理框图

1.1.2　传感器的作用、分类与命名

1. 传感器的作用

在日常生活中，人们通过五官（视、听、嗅、味、触）接受外界的信息，经过大脑的思维（信息处理），做出相应的动作。

传感器的作用、
分类及发展趋势

在工业生产、自动化检测与控制系统中，通常由传感器取代人的感官，用计算机取代人的大脑对传感器感知、变换来的信号进行处理，并控制执行机构对外界对象实现自动化控制。人与机器系统对比的结构示意图如图 1-4 所示。

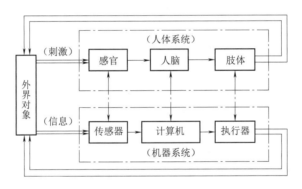

图 1-4　人与机器系统对比的结构示意图

由此可见，传感器是获取自然领域中信息的主要途径与手段。

2. 传感器的分类

传感器的种类繁多，可以按被测量、基本效应、工作原理、能量种类、能量的关系、输出信号类型、防爆等级等分类，如表 1-1 所示。常用传感器的外形结构如图 1-5 所示。

表 1-1　常用传感器的分类方法

分类方法	主要类型
按被测量	位移、压力、力、速度、温度、流量、气体成分等传感器
按基本效应	物理型、化学型、生物型传感器
按工作原理	电阻、电容、电感、热电、压电、磁电、光电、光纤等传感器
按能量种类	机、电、热、光、声、磁 6 种能量传感器

续表

分类方法	主要类型
按能量的关系	有源传感器和无源传感器
按输出信号类型	模拟量和数字量传感器
按防爆等级	普通型、防爆型及本安型传感器

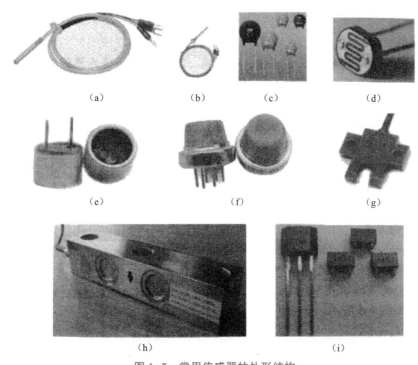

（a）　　　　　　（b）　　　　　　（c）　　　　　　（d）

（e）　　　　　　　　（f）　　　　　　（g）

（h）　　　　　　　　　（i）

图 1-5　常用传感器的外形结构

（a）热电阻；（b）热电偶；（c）热敏电阻；（d）光敏电阻；（e）超声波探头；
（f）气敏传感器；（g）光电开关；（h）电阻应变式传感器；（i）霍尔传感器

　　此外，传感器按工作机理可分为结构型（空间型）和物性型（材料型）两大类。结构型传感器依靠传感器结构参数的变化实现信号变换，从而检测出被测量。物性型传感器利用某些材料本身的物性变化实现被测量的变换，主要是以半导体、电介质、磁性体等为敏感元件的固态器件。结构型传感器常按能量种类再分类，可分为机械式、磁电式、光电式等。物性型传感器主要按其物性效应再分类，可分为压电式、压磁式、磁电式、热电式、光电式、仿生式等。传感器按所使用的材料可分为陶瓷传感器、半导体传感器、复合材料传感器、金属材料传感器、高分子材料传感器等。

　　本书主要是按被测量分类对传感器进行介绍，同时加以工作原理的分析，重点讲述各种传感器的用途，通过项目实践使读者学会应用传感器，进一步开发新型传感器。

3. 传感器的命名

　　根据 GB/T 7666—2005《传感器命名法及代码》规定，一种传感器的名称应由"主题词加四级修饰语"构成。

主题词——传感器。

第一级修饰语——被测量，包括修饰被测量的定语。

第二级修饰语——转换原理，一般可后续以"式"字。

第三级修饰语——特征描述，指必须强调的传感器结构、性能、材料特征、敏感元件以及其他必要的性能特征，一般可后续以"型"字。

第四级修饰语——主要技术指标（如量程、精度、测量范围等）。

在有关传感器的统计表格、图书索引、检索以及计算机汉字处理等特殊场合，传感器名称应采用正序排列，即传感器→第一级修饰语→第二级修饰语→第三级修饰语→第四级修饰语。例如，"传感器，位移，电容式，差动，±20 mm""传感器，压力，压阻式，单晶硅，600 kPa"。在技术文件、产品样本、学术论文、教材及书刊的陈述句子中，传感器名称应采用反序排列，即第四级修饰词→第三级修饰语→第二级修饰语→第一级修饰语→传感器。例如，"100~160 dB 差动电容式声压传感器"。

在实际应用中，可根据产品具体情况省略任何一级修饰语，如"100 mm 应变片式位移传感器"。作为商品出售时，传感器的第一级修饰语不得省略。

1.1.3　传感器技术发展趋势

传感器技术的发展主要经历了 3 个阶段，即从早期的结构型传感器（结构参数变化）到物性型传感器（材料性质发生变化），再到近期的智能型传感器（微计算机技术）。

传感器未来开发的新趋势主要体现在通过开展新理论研究，采用新技术、新材料、新工艺，实现传感器向智能化、可移动化、微型化、集成化、多样化、网络化等方向发展。随着传感器与微机电系统（Micro-Electro-Mechanical System，MEMS）的发展，传感器的微型化、智能化、多功能化和可靠性提高到新的高度。

随着"工业 4.0"与"互联网+"的持续推进，要实现"中国制造 2025"，加快推动新一代信息技术与制造技术的融合发展，需要依靠传感器在各个环节的数据采集，而传感器采集的大量数据使机器学习成为可能。未来传感器发展的重点方向主要集中在可穿戴式应用、无人驾驶、医护与健康监测、工业控制等多个方面。

任务2　传感器的性能指标

传感器的性能指标

任务引入

在科学试验和生产过程中，传感器所测量的非电量是在不断变化的。传感器能否将这些非电量的变化不失真地转换成相应的电量，取决于传感器的输入-输出特性。传感器这一基本特性可用其静态特性和动态特性来描述。

学习要点

1.2.1　传感器的静态特性

传感器的静态特性是指传感器在被测量处于稳定状态时的输出与输入的关系。传感器静态特性的主要技术指标有线性度、灵敏度、迟滞、重复性、分辨率、稳定性、漂移和精度等。

1. 线性度（Linearity）

传感器的线性度是指传感器实际静态特性曲线与拟合直线之间的最大偏差 ΔL_{max} 与传感器满量程输出 y_{max} 减最小输出 y_{min} 的百分比值，用 γ_L 表示为

$$\gamma_L = \pm \frac{\Delta L_{max}}{y_{max} - y_{min}} \times 100\% \qquad (1-1)$$

线性度又称为非线性误差。γ_L 越小，说明实际曲线与理论拟合直线之间的偏差越小。从特性上看，γ_L 越小越好，但考虑到成本，则一般要求 γ_L 适中。

通常总是希望传感器的输入–输出特性曲线为线性的，但实际的输入–输出特性只能接近线性，都应进行线性处理。常用的线性处理方法有理论直线法、端基拟合法、平均选点法、割线法、最小二乘法和计算程序法等。传感器线性度示意图如图 1-6 所示。

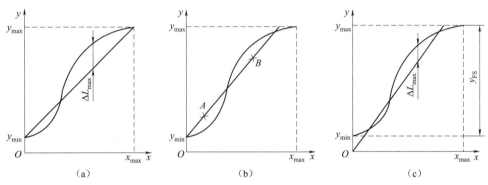

图 1-6　传感器线性度示意图

（a）端基拟合法线性度；（b）平均选点法线性度；（c）最小二乘法线性度

2. 灵敏度（Sensitivity）

传感器的灵敏度是指传感器在稳态下的输出变化量 dy 与输入变化量 dx 之比，用 K 表示为

$$K = \frac{dy}{dx} \qquad (1-2)$$

对于线性传感器，其灵敏度就是它的静态特性的斜率。传感器的灵敏度示意图如图 1-7 所示。

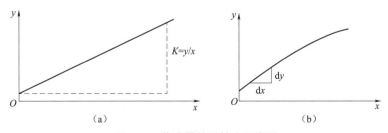

图 1-7　传感器的灵敏度示意图

（a）线性测量系统；（b）非线性测量系统

3. 迟滞（Hysteresis）

传感器的迟滞是指传感器在正向行程（输入量增大）和反向行程（输入量减小）期间，输入-输出特性曲线不一致的程度。传感器迟滞特性示意图如图1-8所示。迟滞γ_H的值通常由试验来决定，可用下式表示：

$$\gamma_H = \pm \frac{1}{2} \frac{\Delta H_{max}}{y_{max}} \times 100\% \tag{1-3}$$

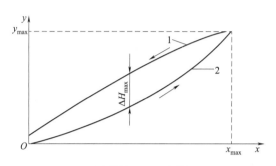

1—反向特性；2—正向特性。

图1-8 传感器迟滞特性示意图

产生迟滞现象的主要原因是传感器的机械部分不可避免地存在着间隙、摩擦及松动等。

4. 重复性（Repeatability）

传感器的重复性是指传感器在输入量按同一方向做全量程内连续重复测量时，所得输入-输出特性曲线不一致的程度。传感器重复性示意图如图1-9所示。产生不一致的原因与产生迟滞现象的原因相同。重复性可用公式表示为

$$\gamma_x = \pm \frac{\Delta m_{max}}{y_{max}} \times 100\% \tag{1-4}$$

式中，Δm_{max}取Δm_1、Δm_2、Δm_3…中最大的一个。

传感器重复性越好，使用时误差越小。

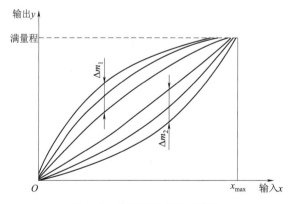

图1-9 传感器重复性示意图

5. 分辨率（Resolution）

传感器的分辨率是在规定测量范围内所能检测的输入量的最小变化量。其有时也可用该值相对于满量程输入的百分数表示。

6. 稳定性（Stability）

稳定性有短期稳定性和长期稳定性之分。传感器常用长期稳定性，它是指在室温条件下，经过相当时间间隔，如一天、一月或一年，传感器的输出与起始标定时的输出之间的差异。通常又用其不稳定度来表征其输出的稳定程度。

7. 漂移（Drifts）

传感器的漂移是指在外界的干扰下，输出量发生与输入量无关的不需要的变化。漂移包括零点漂移和灵敏度漂移等。零点漂移和灵敏度漂移又可分为时间漂移和温度漂移。时间漂移是指在规定的条件下，零点或灵敏度随时间的缓慢变化；温度漂移是环境温度变化而引起的零点或灵敏度的变化。

8. 精度（Accuracy）

与精度有关的指标有精密度、准确度和精确度。

精密度：表示测量传感器输出值的分散性，即对某一稳定的被测量，由同一个测量者用同一个传感器，在相当短的时间内连续重复测量多次，其测量结果的分散程度。精密度是随机误差大小的标志，精密度高，意味着随机误差小。注意：精密度高，准确度不一定高。

准确度：表示传感器输出值与真值的偏离程度。例如，某流量传感器的准确度为 $0.3 \ m^3/s$，表示该传感器的输出值与真值偏离 $0.3 \ m^3/s$。准确度是系统误差大小的标志，准确度高，意味着系统误差小。同样，准确度高，精密度不一定高。

精确度：精确度是精密度与准确度两者的总和，精确度高表示精密度和准确度都比较高。在最简单的情况下，可取两者的代数和。

准确度、精密度与精确度的关系如图 1-10 所示。在测量中，人们总是希望得到精确度高的结果。

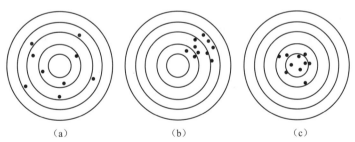

图 1-10　准确度、精密度与精确度的关系

（a）准确度高而精密度低；（b）准确度低而精密度高；（c）精确度高

1.2.2　传感器的动态特性

在动态（快速变化）的输入信号情况下，要求传感器不仅能精确地测量信号的幅值大小，而且能测量信号变化的过程。这就要求传感器能迅速准确地响应和再现被测信号的变化。传感器的动态特性，是指在测量动态信号时传感器的输出反映被测量的大小和随时间

变化的能力。动态特性差的传感器在测量过程中，将会产生较大的动态误差。

研究传感器的动态特性时，通常从时域和频域两方面采用瞬态响应法和频率响应法来分析。最常用的是通过几种特殊的输入时间函数，如阶跃函数和正弦函数来研究其响应特性，称为阶跃响应法和频率响应法。在此仅介绍传感器的阶跃响应特性。

给传感器输入一个单位阶跃函数信号

$$u(t)=\begin{cases} 0 & t\leq 0 \\ 1 & t>0 \end{cases} \tag{1-5}$$

其输出特性称为阶跃响应特性，如图 1-11 所示，由图可衡量阶跃响应的几项指标。

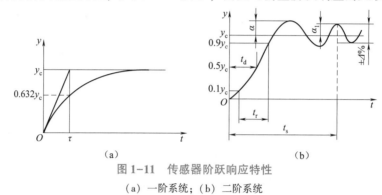

图 1-11　传感器阶跃响应特性

(a) 一阶系统；(b) 二阶系统

(1) 时间常数 τ：传感器输出值上升到稳态值 y_c 的 63.2% 所需的时间。

(2) 上升时间 t_r：传感器输出值由稳态值的 10% 上升到 90% 所需要的时间。

(3) 响应时间 t_s：输出值达到允许误差范围 $\pm\Delta\%$ 所经历的时间。

(4) 超调量 α：输出第一次超过稳态值的峰高，即 $\alpha=y_{max}-y_c$，常用 $\dfrac{\alpha}{y_c}\times 100\%$ 表示。

(5) 延迟时间 t_d：响应曲线第一次达到稳态值的一半所需的时间。

(6) 衰减度 ψ：指相邻两个波峰（或波谷）高度下降的百分数，即 $(\alpha-\alpha_1)/\alpha\times 100\%$。

其中，时间常数 τ、上升时间 t_r、响应时间 t_s 表征系统的响应速度性能；超调量 α、衰减度 ψ 则表征传感器的稳定性能。这两方面完整地描述了传感器的动态特性。

任务3　传感器的测量误差

任务引入

测量的目的是希望得到被测对象的真值（实际值）。但由于检测系统（仪表）不可能绝对精确、测量原理局限、测量方法不尽完善、环境因素和外界干扰的存在，以及测量过程可能会影响被测对象的原有状态等，因此，测量结果不能准确地反映被测量的真值而存在一定的偏差，这个偏差就是测量误差。

学习要点

1.3.1 误差的类型

1. 按误差的性质分类

（1）系统误差。在相同条件下多次重复测量同一物理量时，误差的大小和符号保持不变或按照一定的规律变化，此类误差称为系统误差。系统误差表征测量的准确度。

产生系统误差的原因有检测装置本身性能不完善、测量方法不完善、仪器使用不当及环境条件变化等。

系统误差可以通过试验或分析的方法，查明其变化规律、产生原因，通过对测量值的修正或采取预防措施，消除或减少它对测量结果的影响。

（2）随机误差。相同条件下多次测量同一物理量时，其误差的大小和符号以不可预见的方式变化，此类误差称为随机误差。通常用精密度表征随机误差的大小。

随机误差的产生是测量过程中许多独立的、微小的、偶然的因素引起的综合结果。

（3）粗大误差。明显歪曲测量结果的误差称为粗大误差，又称为过失误差。产生原因主要是人为因素（读数、记录、计算和操作等）测量方法不当、测量条件意外变化等。

含有粗大误差的测量值称坏值或异常值，应剔除，坏值剔除后要分析的就只有系统误差和随机误差。

2. 按被测量与时间的关系分类

（1）静态误差。被测量不随时间变化而变化测得的误差称为静态误差。

（2）动态误差。在被测量随时间变化过程中测得的误差称为动态误差。动态误差是由检测系统对输入信号响应滞后，或对输入信号中不同频率成分产生不同的衰减和延迟所造成的。动态误差等于动态测量和静态测量所得误差的差值。

1.3.2 误差的表示方法

测量误差是测量结果与真值的差异，按照表示方法的不同可以把测量误差分为绝对误差和相对误差两种。

1. 绝对误差

绝对误差 Δ 是指测量值 A_x 与真值 A_0 之间的差值，它反映了测量值偏离真值的多少，即

$$\Delta = A_x - A_0 \tag{1-6}$$

由于真值的不可知性，在实际应用时，常用实际真值代替，即用被测量多次测量的平均值或上一级标准仪器测得的示值作为实际真值。

2. 相对误差

相对误差反映了测量值偏离真值的程度。

（1）实际相对误差。它等于绝对误差 Δ 与真值 A_0 的百分比，用 γ_A 表示，即

$$\gamma_A = \frac{\Delta}{A_0} \times 100\% \tag{1-7}$$

（2）示值（标称）相对误差。它等于绝对误差 Δ 与测量值 A_x 的百分比，用 γ_x 表示，即

$$\gamma_x = \frac{\Delta}{A_x} \times 100\% \qquad (1-8)$$

相对误差评定测量精度也有局限性，只能说明不同被测量的测量精度，但不适于衡量仪表本身的质量。同一仪表在整个测量范围的相对误差不是定值，被测量越小，相对误差越大。

（3）引用（满度）相对误差。它等于绝对误差 Δ 与仪表满量程值 A_m 的百分比，用 γ_m 表示，即

$$\gamma_m = \frac{\Delta}{A_m} \times 100\% \qquad (1-9)$$

当式（1-9）中的 Δ 取最大值 Δ_m 时，称为最大引用误差。

3. 精度等级

测量仪表的精度等级 S 通常用最大引用误差来定义，即

$$S = \left| \frac{\Delta_m}{A_m} \right| \times 100\% \qquad (1-10)$$

测量仪表一般采用最大引用误差不能超过的允许值作为划分精度等级的尺度。工业仪表常见的精度等级分为 7 级：0.1、0.2、0.5、1.0、1.5、2.5、5.0 级。例如，5.0 级的仪表表示其最大引用误差不会超出量程 ±5% 的范围。

【例 1-1】 有两只电压表的精度等级及量程分别是 0.5 级 0～500 V、1.0 级 0～100 V，现要测量 80 V 的电压，试问应该选用哪只电压表比较好？

解： 用 0.5 级的电压表测量时，可能出现的最大示值相对误差为

$$\gamma_{x1} = \frac{\Delta_{m1}}{A_x} \times 100\% = \frac{500 \times 0.5\%}{80} \times 100\% = 3.125\%$$

用 1.0 级的电压表测量时，可能出现的最大示值相对误差为

$$\gamma_{x2} = \frac{\Delta_{m2}}{A_x} \times 100\% = \frac{100 \times 1\%}{80} \times 100\% = 1.25\%$$

计算结果表明，1.0 级的电压表比 0.5 级的电压表测量的最大示值相对误差反而小。这说明在选用仪表时要兼顾精度等级和量程，通常希望最大示值落在仪表满度值的 2/3 以上。

任务4　传感器与智能检测技术的发展

传感器与智能
检测技术的发展

任务引入

国外各发达国家都将传感器的发展视为现代高技术发展的关键。从 20 世纪 80 年代起，日本就将传感器的发展列为应优先发展的十大技术之首，美国等西方国家也将其列为国家科技和国防技术发展的重点内容。我国自 20 世纪 80 年代末开始也将传感器的发展列入国家高新技术发展的重点，近几十年来的投入不仅使我国在此方面得到飞速的发展，同时也带动了检测与控制等多学科领域的发展。

1.4.1 传感器的发展

1. 新材料的开发

传感器材料是传感器发展的重要基础，早期使用的半导体材料、陶瓷材料、光导以及超导材料，为传感器的发展提供了物质基础。此外，近几年人们极为关注的高分子有机敏感材料极具应用潜力，可制成湿敏、气敏、热敏、光敏、力敏和生物敏等传感器。传感器的不断发展，也促进了新材料的开发，如纳米材料等。

2. 集成化技术的应用

随着大规模集成电路和半导体技术的发展，传感器也应用了集成化技术，从而实现了高功能和微型化。

3. 多维、多功能集成传感器的开发

由于传感器应用时往往需要测量一条线或一个面上的参数，所以二维乃至三维的传感器应运而生，成功开发出了在一块集成传感器上可以同时测得两个或者更多参数的多功能集成传感器。

4. 智能传感器的开发

智能传感器将微处理器和传感器结合，具有一定的数据处理能力，并能自检、自校、自补偿，为网络化传感器的发展提供了基础。

5. 网络传感器的开发

网络传感器是将网络接口芯片与传感器集成起来，使现场测控数据能够就近进入网络传输，在网络覆盖范围内实时发布和共享。网络传感器特别适用于远程分布式测量、监控和控制，大大简化了连接电路，节省了投资。

1.4.2 智能检测技术的发展

检测技术的发展是随着社会历史时代与生产方式的变化而不断进步的。人类的每一个历史时代、每一种生产方式都以相应的科学技术水平为基础。

微电子技术和微型计算机技术的发展为检测过程自动化、测量结果处理智能化和检测仪器功能仿人化等提供了技术支持。人工智能技术和信息处理技术的快速发展，为智能检测技术提供了强有力的工具和条件。现代控制系统的发展对检测技术提出了数字化、智能化、标准化、网络化的要求，这是促进智能检测系统发展的外在推动力。

请完成表 1-2 所示的项目工单。

表 1-2 项目工单

任务名称	传感器的静态、动态分析	组别	组员：
一、任务描述 根据本项目的学习，完成传感器的静态、动态分析。			

二、技术规范（任务要求）

（1）分析传感器的静态特性。

（2）分析传感器的动态特性。

（3）画出传感器组成框图。

（4）作图求传感器的灵敏度。

（5）作图求传感器的线性度。

三、计划（制订小组工作计划）

工作流程	完成任务的资料、工具或方法	人员安排	时间分配	备注

四、决策（确定工作方案）

（1）小组讨论、分析、阐述任务完成的方法、策略，确定工作方案。

（2）教师指导、确定最终方案。

五、实施（完成工作任务）

工作步骤	主要工作内容	完成情况	问题记录

六、检查（问题信息反馈）

反馈信息描述	产生问题的原因	解决问题的方法

七、评估（基于任务完成的评价）

（1）小组讨论，自我评述任务完成情况、出现的问题及解决方法，小组共同给出改进方案和建议。

（2）小组准备汇报材料，每组选派一人进行汇报。

（3）教师对各组完成情况进行评价。

（4）整理相关资料，完成评价表。

任务名称			姓名	组别	班级	学号	日期
考核内容及评分标准			分值	自评	组评	师评	均分
三维目标	素质	自主学习、合作学习、团结互助等	25				
	认知	任务所需知识的掌握与应用等	40				
	能力	任务所需能力的掌握与数量等	35				
加分项	收获（10分）	你有哪些收获（借鉴、教训、改进等）：	你进步了吗？			加分	
			你帮助他人进步了吗？				
	问题（10分）	发现问题、分析问题、解决方法、创新之处等：				加分	
总结与反思						总分	

八、拓展（基于本任务延伸的知识与能力）

九、备注（需要注明的内容）

指导教师评语：

任务完成人签字：　　　　　　　　　　　　　　　　日期：　　年　　月　　日

指导教师签字：　　　　　　　　　　　　　　　　　日期：　　年　　月　　日

项目1 传感器基础

项目小结

（1）传感器是能感受被测量并按照一定的规律转换成可用输出信号的器件或装置，通常由敏感元件和转换元件组成（GB/T 7665—2005《传感器通用术语》）。

（2）传感器的组成部分主要包括敏感元件、转换元件、测量电路、辅助电源等。

（3）传感器技术的发展主要经历了 3 个阶段，即从早期的结构型传感器（结构参数变化）到物性型传感器（材料性质发生变化），再到近期的智能型传感器（微计算机技术）。

（4）传感器的线性度是指传感器实际静态特性曲线与拟合直线的偏离程度。

（5）传感器的灵敏度是指传感器在稳态下的输出变化量 dy 与输入变化量 dx 之比，用 K 表示。

（6）传感器的迟滞是指传感器在正向行程（输入量增大）和反向行程（输入量减小）期间，输入-输出特性曲线不一致的程度。

（7）传感器的重复性是指传感器在输入量按同一方向做全量程内连续重复测量时，所得输入-输出特性曲线不一致的程度。

（8）传感器的分辨率是在规定测量范围内所能检测的输入量的最小变化量。其有时也可用该值相对于满量程输入的百分数表示。

（9）稳定性有短期稳定性和长期稳定性之分。传感器常用长期稳定性，它是指在室温条件下，经过相当时间间隔，如一天、一月或一年，传感器的输出与起始标定时的输出之间的差异。

（10）传感器的漂移是指在外界的干扰下，输出量发生与输入量无关的不需要的变化。

（11）精确度是精密度与准确度两者的总和，精确度高表示精密度和准确度都比较高。在最简单的情况下，可取两者的代数和。

（12）测量的目的是希望得到被测对象的真值（实际值）。但由于检测系统（仪表）不可能绝对精确、测量原理局限、测量方法不尽完善、环境因素和外界干扰的存在，以及测量过程可能会影响被测对象的原有状态等，因此，测量结果不能准确地反映被测量的真值而存在一定的偏差，这个偏差就是测量误差。

（13）传感器的发展涉及新材料的开发，集成化技术的应用，多维、多功能集成传感器的开发，智能传感器的开发，网络传感器的开发，以及智能检测技术的发展。

知识拓展

传感器行业发展现状

近年来，传感器行业呈现蓬勃发展的趋势。2023 年，全球传感器市场规模达到1 792.4 亿美元，其中智能传感器占近四分之一的份额，并且智能传感器增速是整个传感器行业平均增速的数倍。预计到 2025 年，全球传感器产业中，智能传感器份额会达到三分之一。传感器行业的发展主要体现在以下几个方面。

（1）政策推动。近年来，国家层面出台了一系列政策，如《智能检测装备产业发展行动计划（2023—2025 年）》等，旨在推动传感器行业的发展，特别是在医疗传感器领域，政策支持促进了智能化创新在医疗行业的广泛应用。

（2）市场规模。全球传感器市场规模持续增长，2022 年达到 1 840.5 亿美元，其中智能传感器市场规模同比增长 10.66%，达到 432.9 亿美元。这表明智能传感器在各行业的应用越来越广泛，特别是在医疗领域，预计未来几年医疗传感器市场将进一步扩大。

（3）企业动态。中国医疗传感器企业在全球市场占比不大，有很大的发展空间。企业业绩指标承压，但市场发展潜力巨大。

（4）技术创新。智能传感器行业在技术创新方面取得了显著成就，专利申请数量增长趋势较快，但 2022 年相关专利申请数量为 382 项，同比下降 14%，表明技术创新仍需加强。

（5）产业发展。传感器行业在核心技术、科技创新、产业结构、企业能力、人才资源和统筹规划等方面仍存在不足，如核心技术缺乏、科技创新能力弱、产业结构不合理、企业能力弱、人才资源匮乏和统筹规划不足等。

（6）资源匹配和关注度。传感器行业面临资源匹配和关注度不足、贷款难、融资成本高、技术装备落后、自动化生产与检测水平较低、科技成果转化难度较大、人才流动导向偏离、产业政策扶持力度不够和长期受到进口产品冲击等问题。

综上所述，传感器行业在全球范围内呈现持续增长的态势，特别是在医疗领域；但同时传感器行业的发展也面临着一些机遇和挑战。随着汽车智能化不断发展，自动驾驶域和座舱域对传感器的需求迅猛增加；智慧城市建设速度加快，以传感器为代表的硬件市场在其中占比最高；"工业 4.0"建设持续提速，智能化的发展带来传感器需求迅速增加；包括水电、光伏、风能、地热能等在内的新能源装机规模激增，相关传感器市场需求不断扩大；粮食危机推动农业智能化，农业传感器市场前景广阔。

此外，随着各类设备智能化程度不断提升，多传感器及多模块集成能够提升信号识别与收集效果，节约内部空间，这一优势不断推动着传感器集约化程度提升；柔性传感器具有良好的柔韧性、延展性，可以自由弯曲甚至折叠，这种从刚性到柔性的突破，极大拓展了传感器的应用场景；远程部署的独立传感器、无线传感器、连续监测传感器需要自供电功能，借助外界能量实现传感器自供电成为一种必需；新技术、新材料的不断进步，推动传感器技术满足市场全新需求；行业上下游重新整合，现代服务业开始介入产业发展，监测、标准化等公共服务项目也会同步跟进。

习题与思考

一、填空题

1. 传感器是能感受_____并按照一定的规律转换成可用_____的器件或装置。

2. 传感器的组成部分主要包括_____、_____、_____、_____等。

3. 传感器的_____是指传感器实际静态特性曲线与拟合直线的偏离程度。

4. 与精度有关的指标有_____、_____和精确度。

5. 产生迟滞现象的主要原因是传感器的机械部分不可避免地存在着_____、_____及松动等。

6. 传感器的动态特性，是指在测量_____时传感器的输出反映被测量的大小和随时间变化的能力。

7. 在相同条件下多次重复测量同一物理量时，误差的大小和符号保持不变或按照一定的规律变化，此类误差称为_____。

8. 被测量不随时间变化而变化测得的误差称为_____。

9. 按照表示方法的不同可以把测量误差分为_____和_____两种。

10. 同一仪表在整个测量范围的相对误差不是定值，被测量越小，相对误差_____。

二、简答题

1. 什么叫传感器？它由哪几部分组成？

2. 传感器分类有哪几种？各有什么优缺点？

3. 什么是传感器的静态特性？它由哪些技术指标描述？

4. 传感器的发展趋势是什么？

项目 2　力的测量

项目引入

　　力是物理基本量之一，因此各种动态、静态力的测量十分重要。力学量包括重力、力矩、压力、应力等，可分为几何学量、运动学量两部分，其中几何学量指的是位移、形变、尺寸等；运动学量是几何学量的时间函数，如速度、加速度。

　　力的测量是生活、生产中的重要任务，测量力的传感器种类繁多，本项目包括弹性敏感元件的认知、电阻应变式传感器测力、压电式传感器测力三个任务。

项目分解

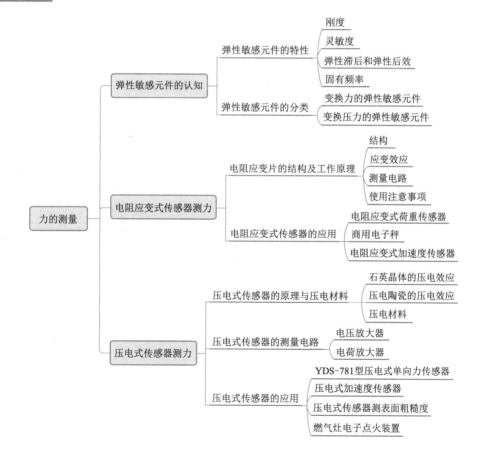

学习目标

知识目标

(1) 了解弹性敏感元件的特性。

(2) 掌握弹性敏感元件的分类。

(3) 理解应变效应和直流电桥的工作原理。

(4) 掌握商用电子秤的原理。

(5) 了解压电效应及压电元件。

(6) 掌握电荷放大器的工作原理。

能力目标

(1) 能进行应变计组桥及零位调整。

(2) 能熟练使用商用电子秤。

(3) 能运用压电式传感器。

素养目标

(1) 激发爱国热情，坚定理想信念。

(2) 培养爱岗敬业、精益求精的职业品质。

(3) 培养创新思维。

(4) 增强民族自豪感。

任务1 弹性敏感元件的认知

任务引入

物体在外力的作用下改变原来尺寸或形状的现象称为变形。变形后的物体在外力去除后又恢复原来形状的变形称为弹性变形，具有弹性变形特性的物体称为弹性敏感元件。弹性敏感元件把力或者压力转化为应变或者位移，应具有良好的弹性、足够的精度，应保证能长期使用和温度变化的稳定性。

学习要点

力的测量需要通过力传感器间接完成，力传感器是将各种力学量转换为电信号的器件。图 2-1 为力传感器的测量示意图。

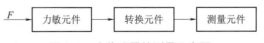

图 2-1 力传感器的测量示意图

力传感器有许多种，从力-电转换原理来看有电阻式（电位器式和应变片式）、电感式（自感、互感和涡流）、电容式、压电式、压磁式和压阻式等，其中大多需要弹性敏感元件或其他敏感元件的转换。力传感器在生产、生活和科学试验中广泛用于测力和称重。常见力传感器的外形如图 2-2 所示。

图 2-2　常见力传感器的外形

（a）电阻式传感器；（b）压电式传感器；（c）电容式传感器；（d）电感式传感器

弹性敏感元件是一种在力的作用下产生变形，当力消失后能够恢复原来状态的元件。

弹性敏感元件是一种非常重要的传感器部件，应具有良好的弹性、足够的精度，且具有良好的稳定性和抗腐蚀性。制作弹性敏感元件常用的材料有弹性钢、合金等。

2.1.1　弹性敏感元件的特性

1. 刚度

刚度是弹性敏感元件在外力作用下变形大小的量度，一般用 k 表示，即

$$k = \frac{\mathrm{d}F}{\mathrm{d}x} \tag{2-1}$$

式中，F 为作用在弹性敏感元件上的外力；x 为弹性敏感元件的变形量。

2. 灵敏度

灵敏度是指弹性敏感元件在单位力的作用下产生变形的大小，它为刚度的倒数，用 K 表示，即

$$K = \frac{\mathrm{d}x}{\mathrm{d}F} \tag{2-2}$$

3. 弹性滞后和弹性后效

由于弹性敏感元件中的分子间存在内摩擦，因此实际的弹性敏感元件存在弹性滞后和弹性后效现象。弹性敏感元件的加载与卸载特性曲线的不重合程度称为弹性滞后。弹性滞后会造成静态和动态测量误差。当载荷从某一数值变化到另一数值时，弹性敏感元件的变形不是立即完成的，而是经过一定的时间间隔后逐渐完成的，这种现象称为弹性后效。由于弹性后效的存在，弹性敏感元件的变形始终不能迅速地跟上力的变化，它将引起动态测量误差。

4. 固有频率

弹性敏感元件都有自己的固有频率，它将影响传感器的动态特性。传感器的工作频率应避开弹性敏感元件的固有频率。弹性敏感元件的固有频率越高越好。实际选用或设计弹性敏感元件时，若遇到上述特性矛盾的情况，则应根据测量的对象和要求综合考虑。

2.1.2 弹性敏感元件的分类

弹性敏感元件在形式上可分为两大类：力转换为应变或位移的变换力的弹性敏感元件、压力转换为应变或位移的变换压力的弹性敏感元件。

1. 变换力的弹性敏感元件

这类弹性敏感元件大多采用等截面柱式、圆环式、悬臂梁式及扭转轴等结构。图 2-3 为几种常见的变换力的弹性敏感元件。

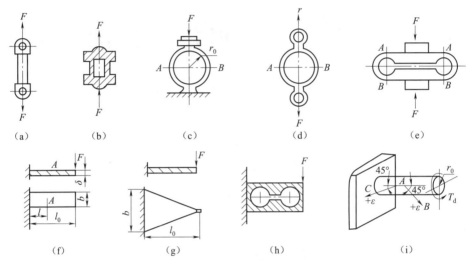

图 2-3　几种常见的变换力的弹性敏感元件

(a) 实心圆柱式；(b) 空心圆柱式；(c)、(d) 等截面圆环式；(e) 变形的圆环式；
(f) 等截面悬臂梁式；(g) 等强度悬臂梁式；(h) 变形悬臂梁式；(i) 扭转轴

（1）等截面柱式。等截面柱式弹性敏感元件，根据截面形状可分为实心圆截面形状及空心圆截面形状等，如图 2-3（a）和图 2-3（b）所示。它们结构简单，可承受较大的载荷，便于加工。实心圆柱式弹性敏感元件可测量大于 10 kN 的力，而空心圆柱式弹性敏感元件只能测量 10 kN 以下的力。

（2）圆环式。圆环式弹性敏感元件比圆柱式弹性敏感元件输出的位移大，因而具有较高的灵敏度，适用于测量较小的力。但它的工艺性较差，加工时不易得到较高的精度。由于圆环式弹性敏感元件各变形部位应力不均匀，采用应变片测力时，应将应变片贴在其应变最大的位置上。其形状如图 2-3（c）、图 2-3（d）和图 2-3（e）所示。

（3）悬臂梁式。悬臂梁式弹性敏感元件一端固定，另一端自由，结构简单，加工方便，应变和位移较大，适用于测量 1~5 kN 的力。悬臂梁分为图 2-3（f）、图 2-3（g）、图 2-3（h）所示的等截面悬臂梁、等强度悬臂梁和变形悬臂梁。

等截面悬臂梁在受力时，其上表面受拉，下表面受压，由于表面各部位的应变不同，所以应变片要贴在合适的部位，否则将影响测量的精度。由于等强度悬臂梁厚度相同，但横截面不相等，因而沿梁长度方向任一点的应变能力都相等，这给贴放应变片带来了方便，也提高了测量精度。

（4）扭转轴。扭转轴是一种专门用来测量扭矩的弹性敏感元件，如图 2-3（i）所示。扭矩是一种力矩，其大小用转轴与作用点的距离和力的乘积来表示。扭转轴主要用于制作扭矩传感器，它利用扭转轴弹性体把扭矩变换为角位移，再把角位移转换为电信号输出。

2. 变换压力的弹性敏感元件

这类弹性敏感元件常见的有弹簧管、波纹管、薄壁圆筒和薄壁半球、等截面薄板和膜盒等，它可以把流体产生的压力转换成位移输出。

（1）弹簧管。弹簧管又称为布尔登管，如图2-4（a）所示，它是弯成各种形状的空心管，使用最多的是C形薄壁空心管，管子的截面形状有许多种。C形弹簧管的一端封闭但不固定，称为自由端，另一端连接在管接头上且被固定。当液体压力通过管接头进入弹簧管后，在压力的作用下，弹簧管的横截面力图变成圆形截面，截面的短轴力图伸长。这种截面形状的改变导致弹簧管趋向伸直，一直伸展到弹簧管的弹力与压力的作用平衡为止。这样弹簧管自由端便产生了位移。

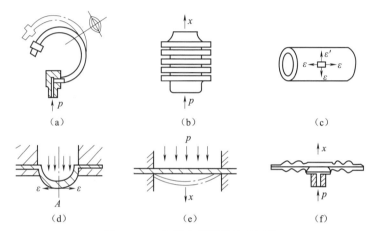

图 2-4　变换压力的弹性敏感元件

（a）弹簧管；（b）波纹管；（c）薄壁圆筒；（d）薄壁半球；（e）等截面薄板；（f）膜盒

弹簧管的灵敏度取决于管的几何尺寸和其材料的弹性模量。与其他压力弹性敏感元件相比，弹簧管的灵敏度要低一些，因此常用于测量较大压力。C形弹簧管往往和其他弹性敏感元件组成压力弹性敏感元件一起使用。

使用弹簧管时应注意以下两点。

①测量静止压力时，静止压力不得高于最高标称压力值的2/3；测量变动压力时，变动压力要低于最高标称压力值的1/2。

②对于腐蚀性流体等特殊测量对象，要了解弹簧管使用的材料能否满足使用要求。

（2）波纹管。波纹管是有许多同心环状皱纹的薄壁圆管，如图2-4（b）所示，直径一般为12~160 mm，测量范围为$10^2 \sim 10^7$ Pa。波纹管的轴向在流体压力作用下极易变形，有较高的灵敏度。在形变允许范围内，管内压力与波纹管的伸缩力成正比关系，利用这一特性，可以将压力转换成位移量。

波纹管主要用作测量和控制压力的弹性敏感元件，由于其灵敏度高，在小压力和压差测量中使用较多。

（3）薄壁圆筒和薄壁半球。薄壁圆筒弹性敏感元件的壁厚一般小于圆筒直径的1/20，当筒内腔受压后筒壁均匀受力，并均匀地向外扩张，所以在筒壁的轴线方向产生位移和应变。薄壁圆筒弹性敏感元件的灵敏度取决于圆筒的半径和壁厚，与圆筒长度无关。

薄壁圆筒和薄壁半球灵敏度较低，但较坚固，常用于特殊环境，其结构如图 2-4（c）和图 2-4（d）所示。

（4）等截面薄板和膜盒。等截面薄板又称为平膜片，在压力或力作用下位移小，因而常把平膜片加工制成具有环状同心波纹的圆形薄膜，即波纹膜片。其波纹形状有正弦形、梯形和锯齿形，如图 2-5 所示。膜片的厚度为 0.05~0.3 mm，波纹的高度为 0.7~1 mm。波纹膜片中心部分留有一个平面，可焊上一块金属片，便于同其他部件连接。当膜片两面受到不同的压力作用时，膜片将弯向压力低的一面，其中心部分产生位移。

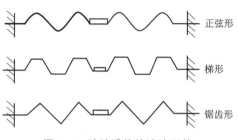

正弦形

梯形

锯齿形

图 2-5　波纹膜片的波纹形状

为了增加位移，可以把两个波纹膜片焊接在一起组成膜盒，它的挠度位移是单个波纹膜片的两倍。

等截面薄板和膜盒多用作动态压力测量的弹性敏感元件，其结构如图 2-4（e）和图 2-4（f）所示。

任务2　电阻应变式传感器测力

任务引入

测量力的传感器种类繁多，如电阻应变式传感器、压阻式传感器、电感式压力传感器、电容式压力传感器、谐振式压力传感器及电容式加速度传感器等。应用最为广泛的是电阻应变式传感器，它具有价格低、精度高、线性度好的特点，并较容易与二次仪表相匹配实现自动检测。

学习要点

电阻应变式传感器主要包括弹性敏感元件、电阻应变片及测量电路。它借助弹性敏感元件，将力的变化转换为形变，然后利用导体的应变效应，将力转变成电阻的变化，最终利用测量电路得到被测量（力）的电信号。电阻应变式传感器原理框图如图 2-6 所示。

图 2-6　电阻应变式传感器原理框图

2.2.1　电阻应变片的结构及工作原理

1. 结构

电阻应变片的结构如图 2-7 所示。合金电阻丝以曲折形状（栅形）用黏结剂粘贴在绝缘基片上，两端通过引线引出，丝栅上面再粘贴一层绝缘保护膜。把应变片贴于被测变形物体上，丝栅随被测物体表面的变形而使电阻改变，只要测出电阻的变化就可得知变形量的大小。电阻应变片主要分为金属应变片和半导体应变片，常见的金属应变片有丝式、箔式和薄膜式 3 种，半导体应变片是利用半导体材料的压阻效应制成的一种电阻性原件。电阻应变片的种类如图 2-8 所示。

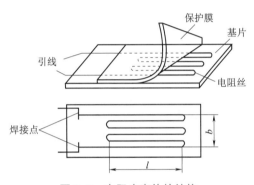

图 2-7　电阻应变片的结构

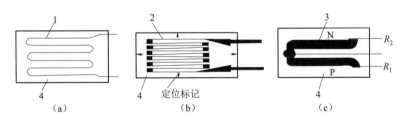

1—电阻丝；2—金属箔；3—半导体；4—基片。

图 2-8　电阻应变片的种类

（a）金属丝式应变片；（b）金属箔式应变片；（c）半导体应变片

由于电阻应变片具有体积小、灵敏度高、使用简便、可进行静态和动态测量等优点，因此其广泛用于力、压力、位移和加速度等的测量。随着新工艺、新材料的使用，高灵敏度、高精度的电阻应变片不断出现，测量范围不断扩大，已成为非电量电测技术中十分重要的手段。

2. 应变效应

导体或半导体受外力作用变形时，其电阻值也将随之变化，这种现象称为应变效应。设有一金属导体，长度为 l，截面积为 s，电阻率为 ρ，则该导体的电阻 R 为

$$R = \rho \frac{l}{s} \qquad (2-3)$$

金属丝的应变效应如图 2-9 所示。当金属导体受到拉力作用时，长度将增加 Δl，截面积 Δs 将缩小，从而导致电阻增加 ΔR，这样，导体的电阻变为 $R+\Delta R$。通过推导，可以得出导体电阻的相对变化量为

$$\frac{\Delta R}{R} = K \frac{\Delta l}{l} \approx K\varepsilon \qquad (2-4)$$

式中，$\varepsilon = \Delta l / l$ 称为纵向应变；K 为金属导体的应变灵敏度。

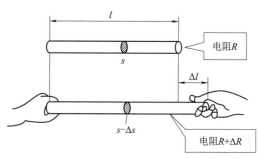

电阻的应变效应

应变片的种类、结构及粘贴工艺

图 2-9　金属丝的应变效应

金属应变片的灵敏度主要与导体的几何尺寸有关，近似等于 2，如果没有特别说明，一般取 $K=2$。半导体应变片的灵敏度主要与半导体材料有关，并且远远大于金属应变片的灵敏度。

3. 测量电路

为了检测应变片电阻的微小变化，需通过测量电路把电阻的变化转换为电压或电流的变化后由仪表读出。在电阻应变式传感器中，最常用的转换电路是桥式电路。按输入电源性质的不同，桥式电路可分为交流电桥和直流电桥两类。在大多数情况下，桥式电路采用的是直流电桥电路。下面以直流电桥为例分析其工作原理及特性。

图 2-10 是直流电桥的基本电路示意图。在未施加作用力时，应变为 0，此时电桥输出电压 U_o 也为 0，即电桥平衡。由电桥平衡的条件可知，应使 4 个桥臂的初始电阻满足 $R_1 R_3 = R_2 R_4$ 或 $R_1 / R_2 = R_4 / R_3$，通常取 $R_1 = R_2 = R_3 = R_4$，即全等臂形式。

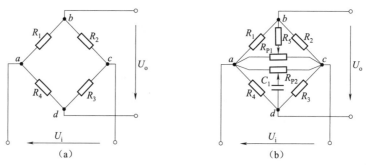

图 2-10　直流电桥的基本电路示意图

（a）直流电桥；（b）带有调零电路的直流电桥

电桥工作时，输入电压 U_i 保持恒定不变。当4个桥臂电阻的变化值 ΔR 远小于初始电阻，且电桥负载电阻为无穷大时，电桥的输出电压 U_o 可近似用下式表示：

$$U_o = \frac{R_1 R_2}{(R_1 + R_2)^2}\left(\frac{\Delta R_1}{R_1} - \frac{\Delta R_2}{R_2} + \frac{\Delta R_3}{R_3} - \frac{\Delta R_4}{R_4}\right)U_i \tag{2-5}$$

由于 $R_1 = R_2 = R_3 = R_4$，故式（2-5）可变为

$$U_o = \frac{U_i}{4}\left(\frac{\Delta R_1}{R_1} - \frac{\Delta R_2}{R_2} + \frac{\Delta R_3}{R_3} - \frac{\Delta R_4}{R_4}\right) \tag{2-6}$$

由式（2-4）可知，$K\varepsilon = \Delta R / R$，则式（2-6）可写成

$$U_o = \frac{U_i}{4}(\varepsilon_1 - \varepsilon_2 + \varepsilon_3 - \varepsilon_4) \tag{2-7}$$

根据应用要求的不同，可接入不同数目的电阻应变片，一般分为下面几种形式的电桥。

测量转换电路

1）单臂电桥（惠斯通电桥）工作形式

R_1 为电阻应变片，其余各桥臂为普通电阻，则式（2-7）变为

$$U_o = \frac{U_i}{4}\frac{\Delta R_1}{R_1} = \frac{U_i}{4}K\varepsilon \tag{2-8}$$

2）双臂电桥（开尔文电桥）工作形式

R_1、R_2 为电阻应变片，R_3、R_4 为普通电阻（其阻值不变化，即 $\Delta R_3 = \Delta R_4 = 0$），则式（2-7）变为

$$U_o = \frac{U_i}{2}\frac{\Delta R_1}{R_1} = \frac{U_i}{2}K\varepsilon \tag{2-9}$$

3）全桥形式

电桥的4个桥臂都为电阻应变片，则其输出电压公式为

$$U_o = U_i \frac{\Delta R_1}{R_1} = U_i K\varepsilon \tag{2-10}$$

实际应用中，往往使相邻两电阻应变片处于差动工作状态，即一片感受拉应变，另一片感受压应变，这样一方面可以提高灵敏度，另一方面可以减小线性度。

以上3种电桥形式中，全桥形式的灵敏度最高，也是最常用的一种形式。

4. 电阻应变式传感器使用注意事项

1）实际应用中电桥电路的调零

即使是相同型号的电阻应变片，其阻值也有细小的差别，图2-10（a）所示电桥的4个桥臂电阻也不完全相等，电桥可能不平衡（有电压输出），这必然会造成测量误差。在电阻应变式传感器的实际应用中，采用在原基本电路基础上加图2-10（b）所示的调零电路。调节电位器 R_{P1} 最终可以使电桥趋于平衡，U_o 被预调到0，这个过程称为电阻平衡调节或直流平衡调节。图中 R_5 是用于减小调节范围的限流电阻。

当采用交流电桥时，电阻应变片引线电缆分布电容的不一致性将导致电桥的容抗及相位的不平衡，这时，即使电阻已调节平衡，U_o 仍然会有输出。R_{P2} 及 C_1 用来调节容抗，从而使电路达到平衡。这个过程称为电容平衡调节或交流平衡调节。

2）传感器的温度补偿

在电阻应变式传感器实际应用中，如果不采取一些补偿措施，温度的变化对传感器输出值的影响是比较大的，必将产生较大的测量误差。在电阻应变式传感器中常采用电桥自补偿法。

当电桥是双臂半桥或全桥形式时，电桥相邻两臂的电阻随温度变化的幅度和方向均相同，可以相互抵消，从而达到电桥温度自补偿的目的。

在双臂半桥电路中，设温度变化前，电阻应变片由应变引起的电阻变化量为 $\Delta R_{1\varepsilon}$、$\Delta R_{2\varepsilon}$，则电桥输出为

$$U_o = \frac{U_i}{4}\left(\frac{\Delta R_{1\varepsilon}}{R_1} - \frac{\Delta R_{2\varepsilon}}{R_2}\right) \tag{2-11}$$

假设温度变化后，电阻应变片所受应变不变，由温度引起的电阻变化量为 ΔR_{1t}、ΔR_{2t}，则此时电桥输出电压为

$$U_o' = \frac{U_i}{4}\left(\frac{\Delta R_{1\varepsilon}+\Delta R_{1t}}{R_1} - \frac{\Delta R_{2\varepsilon}+\Delta R_{2t}}{R_2}\right) \tag{2-12}$$

由于两电阻应变片的规格完全相同，又处于同一个温度场，因此 $R_1 = R_2$，$\Delta R_1 = \Delta R_2$。代入上式，ΔR_1、ΔR_2 项相互抵消，因此，$U_o' = U_o$，即表示温度变化对电桥输出没有影响。

此外，两个桥臂上的普通电阻受温度变化影响产生的电阻变化值也可以相互抵消。

同样可以证明，当温度变化时，全桥形式的电路上各电阻变化值也相互抵消，因而不会造成影响。

2.2.2　电阻应变式传感器的应用

电阻应变式传感器具有体积小、价格低、精度高、线性度好、测量范围大、数据便于记录、处理以及远距离传输等优点，因而广泛应用于工程测量及科学试验中。

1. 电阻应变式荷重传感器

电阻应变式荷重传感器是一种应用于测力和称重等方面的电阻应变式传感器。图 2-11 为 BHR-4 型电阻应变式荷重传感器，它主要由钢制圆筒（等截面轴）、电阻应变片和测量电路组成，以钢制圆筒为弹性敏感元件。

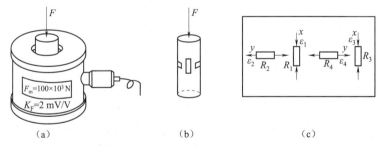

图 2-11　BHR-4 型电阻应变式荷重传感器
（a）钢制圆筒；（b）电阻应变片；（c）测量电路

钢制圆筒在受到轴向压力时，会产生轴向压应变和径向拉应变。设钢制圆筒的有效截面积为 A，泊松比为 μ，弹性模量为 E，4 片特性相同的应变片贴在圆筒外表面并接成全桥形式，如果外加荷重为 F，则传感器的输出为

$$U_o = \frac{U_i}{4} K(\varepsilon_1 - \varepsilon_2 + \varepsilon_3 - \varepsilon_4) \tag{2-13}$$

图 2-11 中，电阻应变片 1、3 感受的是圆筒的轴向应变，即 $\varepsilon_1 = \varepsilon_3 = \varepsilon_x$；电阻应变片 2、4 感受的是圆筒的径向应变，即 $\varepsilon_2 = \varepsilon_4 = \varepsilon_y = -\mu\varepsilon_x$，代入上式可得

$$U_o = \frac{U_i}{2} K(1+\mu)\varepsilon_x = \frac{U_i}{2} K(1+\mu)\frac{F}{AE} \tag{2-14}$$

从式（2-14）可知，输出 U_o 正比于荷重 F，即 $U_o = K'F$，其中 $K' = \frac{U_i}{2AE} K(1+\mu)$。实际应用中，电阻应变式荷重传感器的铭牌上均标出灵敏度 K_F 及满量程 F_m［图 2-11（a）］，并把灵敏度 K_F 定义为

$$K_F = \frac{U_{om}}{U_i} \tag{2-15}$$

式中，U_i 为传感器中电桥的输入电压，单位为 V；U_{om} 为传感器满量程时的输出电压，单位为 mV。

因此，电阻应变式荷重传感器的灵敏度以 mV/V 为单位。

由于在电阻应变式荷重传感器的额定工作范围内，输出电压 U_o 与被测荷重 F 成正比，所以有

$$\frac{U_o}{U_{om}} = \frac{F}{F_m} \tag{2-16}$$

综合式（2-15）和式（2-16），可得到当被测荷重为 F 时，传感器的输出电压 U_o 为

$$U_o = \frac{F}{F_m} U_{om} = \frac{K_F U_i}{F_m} F \tag{2-17}$$

BHR-4 型电阻应变式荷重传感器测量可靠，有一定的抗冲击能力，结构简单，精度高，并具有良好的静态、动态特性，广泛应用于称重系统中。表 2-1 所示为 BHR-4 型电阻应变式荷重传感器的特性参数。

表 2-1　BHR-4 型电阻应变式荷重传感器的特性参数

特性参数	指标值
测量范围	可达 100 t
非线性、滞后、重复性误差	均为 0.5%
输出灵敏度	>2 mV/V
分辨能力	额定载荷的 0.01%
温度对零点的影响	0.01%
输出阻抗与供桥电压	4 800 Ω、16 V
适应环境温度	−10~50 ℃

电阻应变式荷重传感器还有许多结构形式，如 QS-1 型和 BK-2S 型等。QS-1 型电阻应变式荷重传感器采用两端支撑、中间受力形式，传力组件采用压头、钢球结构，可自动

复位；抗侧向力、冲击性好，密封可靠，长期稳定性好，安装、调试方便，并具有良好的互换性。其额定载荷可达 50 t，灵敏度为（2.0±0.01）mV/V，非线性、滞后、重复性误差均为±0.02%满量程，适用温度范围为−20~60 ℃，允许过负荷满量程。

2. 商用电子秤

采用电阻应变式传感器制作的电子秤精度高、反应速度快、结构紧凑、抗振抗冲击性强，能用作商业计价秤、邮包秤、医疗秤、计数秤、港口秤、人体秤及家用厨房秤等。

电子计价秤在秤台结构上的显著特点：一个相当大的秤台，只在中间装置一只专门设计的传感器来承担物料的全部重力。这与传统的用 4 个传感器作支承的秤台在结构上截然不同。尽管单只传感器支承了一个大面积的秤台，但能保证四角误差小于 1/2 000，因为通过对传感器贴片部位的锉磨，可以综合削除被称量物体在秤台坐标面上任意位置时的 x 向和 y 向的应变输出误差。

单只传感器支承秤台的设计方案，不仅大大降低了秤台和传感器的造价，而且使激励电源、仪表的数据处理及秤的调试大为简化，大大降低了系统的成本。

图 2-12 为常用电子计价秤用传感器的结构示意图，其中图 2-12（a）和图 2-12（b）为双复梁式传感器的结构示意图。图 2-12（a）是双连椭圆孔构成的力学结构，秤盘用悬臂梁端部上平面的两个螺孔紧固。图 2-12（b）为梅花形四连孔的力学结构，秤盘用悬臂梁端部侧面的两个螺孔紧固，中间圆孔安插过载保险支杆。图 2-12（c）为三梁式传感器的结构示意图，它有上下两根局部削弱的柔性辅助梁，使传感器对侧向力、横向力和扭转力矩具有很强的抵抗能力，其中间敏感梁采样弯曲应力，对质量反应敏感，宜用作小称量计价秤的转换部件。

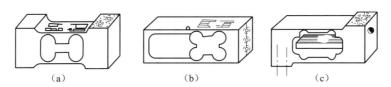

（a）　　　　　　　　（b）　　　　　　　　（c）

图 2-12　常用电子计价秤用传感器的结构示意图

（a）双复梁式传感器（双连椭圆孔）；（b）双复梁式传感器（梅花形四连孔）；（c）三梁式传感器

图 2-13 为家庭用便携式电子零售秤的传感器结构示意图，实质上这是一种单 S 梁式传感器，国内外传感器生产厂均用这种设计方案制造小量程称重传感器，其中有整体加工的，也有采用组装式结构的。这种电子零售秤外形小巧，为使工艺方便且精确，上面粘贴的电阻应变片是专门设计的，它的应变全桥和补偿网络用光刻工艺制作在同一酚醛环氧基片上，并在上面覆盖保护面胶，精度可做到 3 000~5 000 分度。

3. 电阻应变式加速度传感器

由牛顿第二定律可知，物体的加速度 a 与其质量 m 的乘积就是作用在物体上的力 F。因此，要测量物体的加速度，可以通过测量其所受的力来获得。电阻应变式加速度传感器就是利用这个原理来测量物体的加速度的。

图 2-14（a）为电阻应变式加速度传感器结构示意图，它由基座（用来固定在被测物体上）、等截面悬臂梁、质量块和 4 个电阻应变片组成，以等截面悬臂梁为弹性敏感元件。4 个电阻应变片粘贴位置如图 2-14（b）所示，它们组成全桥电路。

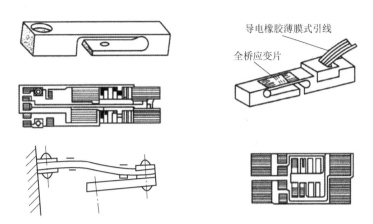

图 2-13　家庭用便携式电子零售秤的传感器结构示意图

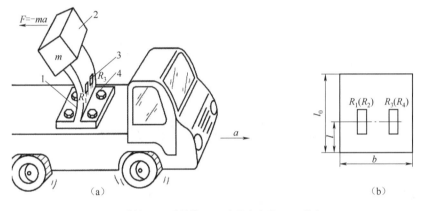

1—悬臂梁；2—质量块；3—电阻应变片；4—基座。

图 2-14　电阻应变式加速度传感器结构示意图

（a）组成；（b）粘贴位置

当被测物体以加速度 a 运动时，传感器上的质量块产生的力为 $F=ma$，其中 m 为质量块的质量。该力在悬臂梁上产生的应变为

$$\varepsilon = \frac{6(l_{o}-l)}{Eb\delta^{2}}|F| = \frac{6(l_{o}-l)m}{Eb\delta^{2}}|a| \qquad (2-18)$$

式中，l_{o} 为等截面悬臂梁的总长；l 为应变片粘贴位置中心距固定端（基座）的距离；E 为悬臂梁材料的弹性模量；b 为悬臂梁宽度；δ 为悬臂梁厚度。

根据电阻应变片的粘贴位置，可知电阻应变片 R_1 和 R_3 所受应变 ε_1 和 ε_3 的大小、方向均相同，而与电阻应变片 R_2 和 R_4 所受应变 ε_2 和 ε_4 大小相同、方向相反。如果不考虑电阻应变片传递变形失真和横向效应的影响，则有

$$\varepsilon_1 = \varepsilon_3 = -\varepsilon_2 = -\varepsilon_4 = \varepsilon = \frac{6(l_{o}-l)m}{Eb\delta^{2}}|a| = K'|a| \qquad (2-19)$$

式中，K' 为常数，其值为 $\dfrac{6(l_{o}-l)m}{Eb\delta^{2}}$。

因此，电桥输出电压为

$$U_o = U_i K_\varepsilon = U_i KK' |a| = K_a |a| \qquad (2-20)$$

式中，U_i 为电桥输入电压；K 为电阻应变片的灵敏度；$K_a = U_i KK'$，K_a 为传感器的灵敏度。

当测量振动加速度时，加速度的大小和方向是随时间的变化而改变的，因此电桥输出随之改变。往往把振动加速度 a 表示为

$$|a| = a_{max} \sin(\omega t) \qquad (2-21)$$

式中，a_{max} 为加速度的最大值；ω 为振动的角频率。

当振动的频率小于传感器的固有频率时，传感器的输出为

$$u_o = U_{max} \sin(\omega t + \varphi_1) \qquad (2-22)$$

式中，φ_1 为输出电压的初相，由传感器的滞后系数决定；U_{max} 为输出电压的最大值，由式（2-21）可知，$U_{max} = K_a a_{max}$。

电阻应变式加速度传感器具有灵敏度高、静态和动态特性好等优点，广泛应用于汽车安全气囊的控制、油箱和电梯疲劳强度的测试及计算机游戏控制杆的倾角感应器中。

例如，朗斯测试技术有限公司生产的 LC08 系列应变式加速度传感器具有很好的静态频响，可测达 1 000g 的加速度，输出灵敏度为 0.5 mV/V 满量程，线性度为 3% 满量程，适用温度范围为 10~50 ℃，应变片电阻为 120 Ω。该系列产品有很好的过载保护，并可与应变仪连用，特别适用于低频振动测量。

任务3　压电式传感器测力

任务引入

压电式传感器以某些电介质的压电效应为基础，在外力作用下，在电介质的表面产生电荷，从而实现非电量测量。压电式传感元件是力敏感元件，所以它能测量最终能变换为力的那些物理量，如力、压力、加速度等。压电式传感器具有响应频带宽、灵敏度高、信噪比大、结构简单、工作可靠、质量轻等优点。近年来，由于电子技术的飞速发展，随着与之配套的二次仪表以及低噪声、小电容、高绝缘电阻电缆的出现，压电式传感器的使用更为方便。因此，压电式传感器在工程力学、生物医学、石油勘探、声波测井、电声学等许多技术领域中获得了广泛的应用。

学习要点

某些晶体受一定方向外力作用而发生机械变形时，相应地在一定的晶体表面产生符号相反的电荷，外力去掉后，电荷消失，力的方向改变时，电荷的符号也随之改变，这种现象称作压电效应。具有压电效应的晶体称作压电晶体、压电材料或压电元件。

压电效应是可逆的，即当晶体带电或处于电场中时，晶体的体积将产生伸长或缩短的变化，这种现象称作电致伸缩效应或逆压电效应。超声波传感器就是利用这种效应制作的。

2.3.1 压电式传感器的原理与压电材料

1. 石英晶体的压电效应

石英晶体呈正六边形棱柱体，其结构及压电效应如图 2-15 所示。棱柱为基本组织，有 3 个互相垂直的晶轴，光轴（z 轴）与晶体的纵轴线方向一致，电轴（x 轴）通过六面体相对的两个棱线并垂直于光轴，机械轴（y 轴）垂直于两个相对的晶柱棱面，如图 2-15（a）所示。

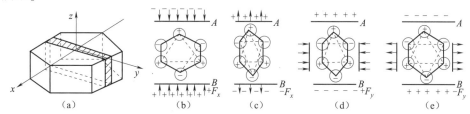

图 2-15 石英晶体结构及压电效应

（a）石英晶体结构；（b）x 轴施加压力；（c）x 轴施加拉伸力；

（d）y 轴施加压力；（e）y 轴施加拉伸力

在正常情况下，晶格上的正、负电荷中心重合，表面呈电中性。当在 x 轴方向施加压力时，如图 2-15（b）所示，各晶格上的带电粒子均产生相对位移，正电荷中心向 B 面移动，负电荷中心向 A 面移动，因而 B 面呈现正电荷，A 面呈现负电荷。当在 x 轴方向施加拉伸力时，如图 2-15（c）所示，晶格上的粒子均沿 x 轴向外产生位移，但硅离子和氧离子向外位移大，正、负电荷中心拉开，B 面呈现负电荷，A 面呈现正电荷。在 y 轴方向施加压力时，如图 2-15（d）所示，晶格离子沿 y 轴被向内压缩，A 面呈现正电荷，B 面呈现负电荷。沿 y 轴施加拉伸力时，如图 2-15（e）所示，晶格离子在 y 轴方向被拉长，多向缩短，B 面呈现正电荷，A 面呈现负电荷。

通常把沿电轴 x 方向作用产生电荷的现象称为纵向压电效应，而把沿机械轴 y 方向作用产生电荷的现象称为横向压电效应。在光轴 z 方向加力时不产生压电效应。

从晶体上沿轴线切下的薄片称为晶体切片。图 2-16 为垂直于电轴 x 切割的石英晶体切片，长为 a，宽为 b，高为 c。在与 x 轴垂直的两面覆以金属。沿 x 方向施加作用力 F_x 时，在与电轴垂直的表面上产生的电荷 Q_{xx} 为

$$Q_{xx} = d_{11} F_x \qquad (2-23)$$

式中，d_{11} 为石英晶体的纵向压电系数，$d_{11} = 2.3 \times 10^{-12}$ C/N。

在覆以金属的极面间产生的电压为

$$u_{xx} = \frac{Q_{xx}}{C_x} = \frac{d_{11} F_x}{C_x} \qquad (2-24)$$

式中，C_x 为晶体上覆以金属极面间的电容。

如果在同一切片上，沿机械轴 y 方向施加作用力 F_y 时，则在与 x 轴垂直的平面上产生的电荷为

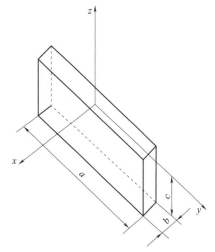

**图 2-16 垂直于电轴 x
切割的石英晶体切片**

$$Q_{xy} = \frac{ad_{12}F_y}{b} \qquad (2-25)$$

式中，d_{12} 为石英晶体的横向压电系数。

根据石英晶体的轴对称条件可得 $d_{12} = -d_{11}$，所以

$$Q_{xy} = \frac{-ad_{11}F_y}{b} \qquad (2-26)$$

产生的电压为

$$u_{xy} = \frac{Q_{xy}}{C_x} = \frac{-ad_{11}F_y}{bC_x} \qquad (2-27)$$

2. 压电陶瓷的压电效应

压电陶瓷具有与铁磁材料磁畴结构类似的电畴结构。当压电陶瓷经极化处理后，陶瓷材料内部存有很强的剩余场极化。当陶瓷材料受到外力作用时，电畴的界限发生移动，引起极化强度变化，产生压电效应。经极化处理的压电陶瓷具有非常高的压电系数，其为石英的几百倍，但压电陶瓷的机械强度比石英差。

压电效应

当压电陶瓷在极化面上受到沿极化方向（z 向）的作用力 F_z 时（即作用力垂直于极化面），压电陶瓷的压电效应如图 2-17（a）所示，则在两个镀银（或金）的极化面上分别出现正、负电荷，电荷量 Q_{zz} 与作用力 F_z 成比例，即

$$Q_{zz} = d_{zz}F_z \qquad (2-28)$$

式中，d_{zz} 为压电陶瓷的纵向压电系数，输出电压为

$$u_{zz} = \frac{d_{zz}F_z}{C_z} \qquad (2-29)$$

式中，C_z 为压电陶瓷片电容。

当沿 x 轴方向施加作用力 F_x 时，如图 2-17（b）所示，在镀银极化面上产生的电荷 Q_{zx} 为

$$Q_{zx} = \frac{S_z d_{z1} F_x}{S_x} \qquad (2-30)$$

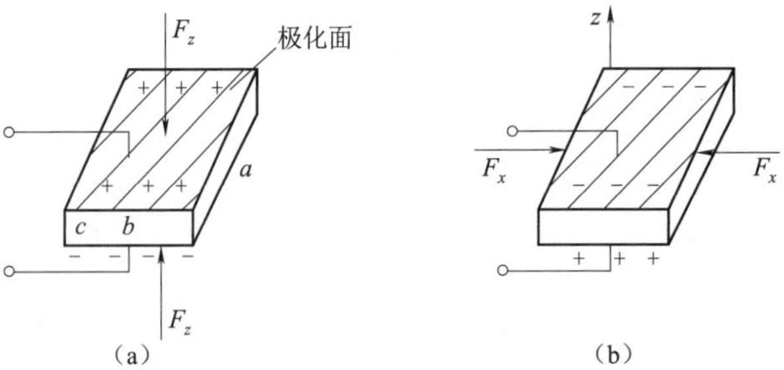

图 2-17　压电陶瓷的压电效应

（a）z 向施力；（b）x 向施力

同理有

$$Q_{zy} = \frac{S_z d_{z2} F_y}{S_y} \qquad (2-31)$$

式（2-30）和式（2-31）中，d_{z1}、d_{z2} 是压电陶瓷在横向力作用时的压电系数，且均为负值，由于极化压电陶瓷平面各向同性，所以 $d_{z1} = d_{z2}$；S_z、S_x、S_y 是分别垂直于 z 轴、x 轴、y 轴的晶片面积。

另外，用电量除以晶片的电容 C_z 可得输出电压。

3. 压电材料

常见的压电材料可分为3类：压电晶体、压电陶瓷与高分子压电材料。

1）压电晶体

石英晶体是一种性能良好的压电晶体。其突出的优点是性能非常稳定，介电常数与压电系数的温度稳定性特别好，且居里点高，可以达到 575 ℃。此外，石英晶体还具有机械强度高、绝缘性能好、动态响应快、线性范围宽和迟滞小等优点。但石英晶体压电系数较小，灵敏度较低，且价格较贵，所以只在标准传感器、高精度传感器或高温环境下工作的传感器中作为压电元件使用。石英晶体分为天然与人造两种，天然石英晶体的性能优于人造石英晶体，但天然石英晶体价格较高。

2）压电陶瓷

压电陶瓷是人工制造的多晶体压电材料。与石英晶体相比，压电陶瓷的压电系数很高，制造成本很低，因此，在实际中使用的压电式传感器大多采用压电陶瓷材料。压电陶瓷的缺点是居里点较石英晶体低，且性能没有石英晶体稳定。但随着材料科学的发展，压电陶瓷的性能正在逐步提高。

3）高分子压电材料

高分子压电材料属于有机分子半结晶或结晶聚合物，其压电效应较复杂，不仅要考虑晶格中均匀内应变对压电效应的贡献，还要考虑非均匀内应变产生的各种高次效应，以及同整个体系平均变形无关的电荷位移而表现的压电特性。

典型的高分子压电材料有聚偏二氟乙烯（PVDF 或 PVF2）、聚氟乙烯（PVF）、改性聚氯乙烯（PVC）等。高分子压电材料的工作温度一般低于 100 ℃，温度升高，其灵敏度降低。因此，高分子压电材料常用于对测量精度要求不高的场合，如水声测量、防盗、振动测量等方面。

压电材料不同，它们的特性就不相同，用途也不一样。压电晶体主要用于实验室基准传感器；压电陶瓷价格便宜、灵敏度高、机械强度好，常用于测力和振动传感器；高分子压电材料则多用于定性测量。

2.3.2 压电式传感器的测量电路

由于外力作用在压电元件上产生的电荷只有在无泄漏的情况下才能保存，即需要测量电路具有无限大的输入阻抗，这实际上是不可能的，因此，压电式传感器不能用于静态测量。

压电元件在交变力的作用下，电荷可以不断补充，可以供给测量回路一定的电流，因此只适用于动态测量。

由于压电元件上产生的电荷量很小，要想测量该电荷量，选择一种合适的放大器显得非常重要。考虑到压电元件本身的特性，以及传感器与放大器之间的连接导线，常见的压电式传感器的测量电路有以下两种。

1. 电压放大器

图 2-18 为电压放大器的等效电路。C_a、C_c、C_i 分别为压电元件的固有电容、导线的分布电容及放大器的输入电容。R_a、R_i 分别为压电元件的内阻和放大器的输入电阻。

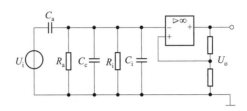

图 2-18 电压放大器的等效电路

假设有一个交变力 $F = F_m \sin(\omega t)$ 作用到压电元件上，在压电元件上产生的电荷 $Q = dF_m \sin(\omega t)$（d 为压电系数，F_m 为交变力的最大值），则放大器输入端的电压为

$$U_i = \frac{dF_m}{C_a + C_c + C_i} \tag{2-32}$$

因此，放大器的输出与 C_a、C_c、C_i 有关，而与输入信号的频率无关。在设计时，通常把传感器出厂时的连接电缆长度定为一个常数，使用时如要改变电缆长度，则必须重新校正电压灵敏度。

2. 电荷放大器

由于电压放大器在实际使用时受连接导线的限制，因此大多采用电荷放大器。图 2-19 为电荷放大器的等效电路。

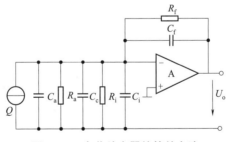

图 2-19 电荷放大器的等效电路

电荷放大器的输出电压为

$$U_o = -AU_i = \frac{-AQ}{C_a + C_c + C_i + (1+A) \; C_f} \tag{2-33}$$

由于电荷放大器的增益 A 很大，所以 $C_a + C_c + C_i$ 可以忽略，则其输出电压为

$$U_o \approx \frac{-AQ}{(1+A) \; C_f} \approx -\frac{Q}{C_f} \tag{2-34}$$

由式（2-34）可以看出，电荷放大器的输出电压只与反馈电容有关，而与连接电缆无关。电荷放大器的输出灵敏度取决于 C_f。在实际电路中，采用切换运算放大器负反馈电容 C_f 的办法来调节灵敏度，C_f 越小，则电荷放大器的灵敏度越高。

为了使电荷放大器工作稳定，并减小零漂，在反馈电容 C_f 两端并联了一反馈电阻，形成直流负反馈，用以稳定电荷放大器的静态工作点。

2.3.3 压电式传感器的应用

1. YDS-781型压电式单向力传感器

图2-20为YDS-781型压电式单向力传感器的结构示意图，它主要用于变化频率中等的动态力的测量，如车床动态切削力的测试。被测力通过传力上盖使压电晶片在沿电轴方向受压力作用而产生电荷，两块压电晶片沿电轴反方向叠起，其间是一个片形电极，它收集负电荷。两块压电晶片正电荷侧分别与传感器的传力上盖及底座相连，因此，两块压电晶片被并联起来，提高了传感器的灵敏度。片形电极通过电极引出插头将电荷输出。

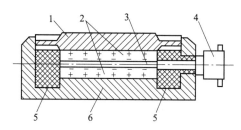

1—传力上盖；2—压电晶片；3—片形电极；4—电极引出插头；5—绝缘材料；6—底座。

图2-20 YDS-781型压电式单向力传感器的结构示意图

YDS-781型压电式单向力传感器的测力范围为0~5 000 N，线性度小于1%，电荷灵敏度为3.8~4.4 μC/N，固有频率为数十千赫。

2. 压电式加速度传感器

压电式加速度传感器的结构示意图如图2-21所示。在两块表面镀银的压电晶片（石英晶体或压电陶瓷）间夹一金属薄片，并引出输出信号的引线。在压电晶片上放置一质量块，并用硬弹簧对压电元件施加预压缩载荷。静态预载荷的大小应远大于传感器在振动、冲击测试中可承受的最大动应力。这样，当传感器向上运动时，质量块产生的惯性力使压电元件上的压应力增加；反之，当传感器向下运动时，压电元件的压应力减小，从而输出与加速度成正比的电信号。

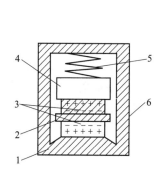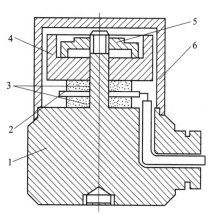

1—基座；2—电极；3—压电晶片；4—质量块；5—压电元件；6—外壳。

图2-21 压电式加速度传感器的结构示意图

传感器整个组装在一个圆基座上，并用金属外壳加以封罩。为了防止试件的任何应变传递到压电元件上，基座尺寸应较大。测试时传感器的基座与测试件刚性连接。当测试件的振动频率远低于传感器的谐振频率时，传感器输出电荷（或电压）与测试件的加速度成正比，经电荷放大器或电压放大器即可测出加速度。

3. 压电式传感器测表面粗糙度

图 2-22 为压电式传感器测表面粗糙度的示意图。传感器由驱动箱拖动，使其触针在工件表面以恒速滑行。工件表面的起伏不平使触针上下运动，通过针杆使压电晶片随之变形，这样，在压电晶片表面就产生电荷，由引线输出与触针位移成正比的电信号。

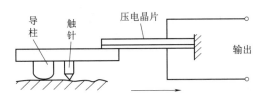

图 2-22　压电式传感器测表面粗糙度的示意图

4. 燃气灶电子点火装置

燃气灶电子点火装置如图 2-23 所示，其原理是利用高压跳火来点燃燃气。当使用者将开关往里压时，会把气阀打开，再将开关旋转，则使弹簧往左压。此时，弹簧有一个很大的力撞击压电晶片，产生高压放电，导致燃烧盘点火。

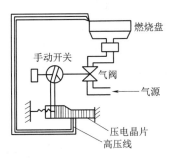

图 2-23　燃气灶电子点火装置

在工程和机械加工中，压电式传感器可用于测量各种机械设备及部件所受的冲击力。例如，锻造工作中的锻锤、打夯机、打桩机、振动给料机的激振器、地质钻机的钻探冲击器及车辆碰撞检测器等机械设备冲击力的测量，均可采用压电式传感器。

项目实施

请完成表 2-2 所示的项目工单。

表2-2 项目工单

任务名称	电阻应变片的结构及工作原理	组别	组员:

一、任务描述

根据本项目的学习，完成电阻应变片的结构和工作原理分析。

二、技术规范（任务要求）

（1）画出金属丝式应变片的结构图。

（2）分析应变效应。

（3）画出电阻应变式传感器的3种转换电路，并写出对应的输出电压。

（4）写出电阻应变片的粘贴工艺。

三、计划（制订小组工作计划）

工作流程	完成任务的资料、工具或方法	人员安排	时间分配	备注

四、决策（确定工作方案）

（1）小组讨论、分析、阐述任务完成的方法、策略，确定工作方案。

（2）教师指导、确定最终方案。

五、实施（完成工作任务）

工作步骤	主要工作内容	完成情况	问题记录

六、检查（问题信息反馈）

反馈信息描述	产生问题的原因	解决问题的方法

七、评估（基于任务完成的评价）

（1）小组讨论，自我评述任务完成情况、出现的问题及解决方法，小组共同给出改进方案和建议。

（2）小组准备汇报材料，每组选派一人进行汇报。

（3）教师对各组完成情况进行评价。

（4）整理相关资料，完成评价表。

任务名称			姓名	组别	班级	学号	日期
考核内容及评分标准			分值	自评	组评	师评	均分
三维目标	素质	自主学习、合作学习、团结互助等	25				
	认知	任务所需知识的掌握与应用等	40				
	能力	任务所需能力的掌握与数量等	35				
加分项	收获（10分）	你有哪些收获（借鉴、教训、改进等）：	你进步了吗？		加分		
			你帮助他人进步了吗？				
	问题（10分）	发现问题、分析问题、解决方法、创新之处等：	加分				
总结与反思			总分				

八、拓展（基于本任务延伸的知识与能力）

九、备注（需要注明的内容）

指导教师评语：

任务完成人签字：　　　　　　　　　　　　　　　日期：　　　年　　月　　　日
指导教师签字：　　　　　　　　　　　　　　　　日期：　　　年　　月　　　日

项目小结

（1）力的测量需要通过力传感器间接完成，力传感器是将各种力学量转换为电信号的器件。

（2）弹性敏感元件是一种在力的作用下产生变形，当力消失后能够恢复原来状态的元件。

（3）弹性敏感元件在形式上可分为两大类：力转换为应变或位移的变换力的弹性敏感元件、压力转换为应变或位移的变换压力的弹性敏感元件。

（4）电阻应变式传感器主要包括弹性敏感元件、电阻应变片及测量电路。它借助弹性敏感元件，将力的变化转换为形变，然后利用导体的应变效应，将力转变成电阻的变化，最终利用测量电路得到被测量（力）的电信号。

（5）电阻应变片主要分为金属应变片和半导体应变片，常见的金属应变片有丝式、箔式和薄膜式 3 种。

（6）导体或半导体受外力作用变形时，其电阻值也将随之变化，这种现象称为应变效应。

（7）根据应用要求的不同，可接入不同数目的电阻应变片，一般分为单臂电桥、双臂电桥、全桥 3 种形式。

（8）电阻应变式传感器具有体积小、价格便宜、精度高、线性度好、测量范围大、数据便于记录、处理以及远距离传输等优点，因而广泛应用于工程测量及科学试验中。

（9）压电效应是可逆的，即当晶体带电或处于电场中时，晶体的体积将产生伸长或缩短的变化，这种现象称作电致伸缩效应或逆压电效应。

（10）棱柱为基本组织，有 3 个互相垂直的晶轴，光轴（z 轴）与晶体的纵轴线方向一致，电轴（x 轴）通过六面体相对的两个棱线并垂直于光轴，机械轴（y 轴）垂直于两个相对的晶柱棱面。

（11）压电陶瓷具有与铁磁材料磁畴结构类似的电畴结构。当压电陶瓷经极化处理后，陶瓷材料内部存有很强的剩余场极化。当陶瓷材料受到外力作用时，电畴的界限发生移动，引起极化强度变化，产生压电效应。

（12）常见的压电材料可分为 3 类：压电晶体、压电陶瓷与高分子压电材料。

知识拓展

电子秤是传感器的一项重要应用，谈到电子秤，人们不难想到伟大劳动人民发明的杆秤。手工制作杆秤的工艺在中国流传历史悠久。据民间传说，木杆秤是鲁班发明的，根据北斗七星和南斗六星在杆秤上刻制 13 颗星花，定 13 两为一斤（1 斤 = 500 g）；秦始皇统一六国后，添加"福禄寿"三星，正好十六星，改一斤为 16 两，并颁布统一度量衡的诏书。

另一种说法是范蠡所制，他由一个鱼贩的难处那得到启示，先用根竹竿，一边放水桶，一边放鱼，利用杠杆原理发明。后来他根据北斗七星和南斗六星在杆秤上刻制 13 颗星花，定 13 两为一斤，但因为有些商家缺斤少两，便添加"福禄寿"三星，表明缺一两少福，缺二两少禄，缺三两少寿。

直到 20 世纪 50 年代，国家才实行度量衡单位改革，把秤制统一改为 10 两一斤。

传统杆秤的手工制作工艺如下。

（1）选取秤杆木料：大号秤一般选择楠木，中小号的秤多数使用秦巴山中阳坡所产的"红梅子"木，木材经阴干一年以上，据所要做杆秤的衡量要求，用锯截成适当的长度。

（2）刨秤杆：先用正刨根据手工艺人的经验刨圆，使其达到合适的尺寸，再用反刨将毛刺处清理干净，对秤杆进行初步打光。

（3）定"叨口"：两位匠人合作使用墨斗，以线绳在秤杆上弹出几条纵向等分墨线。

（4）安"叨子"：经过测量，在秤杆上找出 3 个"叨子"的位置；将秤杆固定，在杆身安装"叨子"的部位分别打出垂直的穿孔（过去用手工钻孔，现在则用电钻），并试装 3 个"叨子"。

（5）铜皮包焊：秤杆两头需要包铜皮，将预先准备好的铜皮根据所需的尺寸剪裁，将剪裁出的铜皮磙圆，套在秤杆的端头上比对、进行再修剪，接下来用焊锡将铜皮焊接。方便起见，也可使用小钉固定法将铜皮包好。为了美观，事先要对秤杆两端拟包裹铜皮的部位加工，使其直径略小于其余部位，并用钣锉稍做打磨。

（6）安装"叨子"、秤盘：秤盘是预制的，将盘上的 3 根细绳系到秤杆大头最外侧的"叨子"上。

（7）校秤定星：用"叨子"将秤悬提，秤盘中依次放上不同质量的砝码，在秤杆上测定其距离，以两脚规分割并仔细标出星花位置。

（8）钉星花：按照上一步骤所标记的位置用皮带手钻钻出每个小花点，在钻洞中以细铜丝嵌插而后割断、锤实。

（9）打磨清洗：使用钢锉、油石顺纵向对秤杆进一步打磨光滑；给刚做好的秤杆均匀地刷上一层石灰水，以去除油污。石灰水自然风干后即用清水洗净。

（10）秤杆施染着色：楠木秤杆利用其自然的木质颜色即可。"红梅子"木秤杆则在石灰水清理后，刷上一层皂矾液，再晾干；而后均匀地刷上事先调制好的五倍子液，然后再次把秤杆挂起来，使其完全干透，这次一般需要 12 h。

（11）修整抛光：待着过色的秤杆完全风干后，对秤杆再进行最后一次抛光，使秤杆光润，上面的刻度即"星花"更易辨识。

（12）辅助工艺：能够完整掌握杆秤制作技术的人还必须具备打制铁秤钩的能力。打制铁钩实际就是制作铁匠工具，所用煤炉、铁砧、长钳、手锤和大锤等工具设备及其技术均与铁匠相同。

习题与思考

一、填空题

1. 电阻应变片根据材料可分为＿＿＿＿应变片和＿＿＿＿应变片。

2. 导体或半导体在外力作用下产生变形时，其＿＿＿＿也发生相应变化的现象称为应变效应。

3. 直流电桥平衡条件为＿＿＿＿。

4. 开尔文电桥的灵敏度是惠斯通电桥的＿＿＿＿倍，全桥的灵敏度是开尔文电桥的

_____倍。

5. 电桥测量电路的作用是把传感器的参数变化转为_____的输出。

6. 压电元件一般有 3 类：第一类是_____；第二类是_____；第三类是_____。

7. 压电效应可分为_____和_____。

8. 将超声波（机械振动波）转换成电信号利用了压电材料的_____；蜂鸣器中发出"嘀嘀……"声（压电晶片发声）利用了压电材料的_____。

9. 在实验室作检验标准用的压电仪表应采用_____压电材料；能制成薄膜，粘贴在一个微小探头上，并用于测量人的脉搏的压电材料应采用_____。

10. 使用压电陶瓷制作的力或压力传感器可测量_____。

11. 动态力传感器中，两片压电晶片多采用_____接法，这可增大输出电荷量；在电子打火机和煤气灶点火装置中，多片压电晶片采用_____接法，可使输出电压达上万伏，从而产生电火花。

12. 用于厚度测量的压电陶瓷器件利用了_____原理。

二、综合题

1. 简述电阻应变式传感器的工作原理。

2. 简述惠斯通电桥、半桥和全桥的异同点。

3. 举例说明压电式传感器的应用。

项目 3 位移的测量

项目引入

位移是指物体的某个表面或某点相对于参考面或参考点位置的变化。位移有线位移和角位移两种。线位移是指物体沿着某一条直线移动的距离。角位移是指物体绕着某一定点旋转的角度。根据测量的位移不同，位移传感器可分为直线型和回转型两大类。直线型用于测量线位移，回转型用于测量角位移。用于测量位移的传感器很多，本项目重点介绍电容式传感器测位移和电感式传感器测位移。

项目分解

学习目标

知识目标

（1）理解电容式传感器的基本原理。

（2）掌握电容式传感器的特点。

（3）掌握电容式传感器的结构。

（4）理解电感式传感器的基本原理。

（5）掌握电感式传感器的特点。

（6）掌握电感式传感器的结构。

能力目标

（1）能运用电容料位计测深度。

（2）能运用电容测厚仪测厚度。

（3）会使用电感式传感器测位移。

素养目标

（1）培养学思结合、知行统一的科学理念。

（2）培养勇于探索的创新精神、善于解决问题的实践能力。

（3）培养一丝不苟的大国工匠精神。

（4）培养民族自豪感、爱国主义情怀。

任务 1　电容式传感器

任务引入

电容式传感器是利用电容器的原理，将被测物理量的变化转换为电容的变化，从而将非电量转换为电量，再经过测量电路转变为电压、电流或频率。电容式传感器具有结构简单、性能稳定、动态响应快、灵敏度高、分辨率高、价格低廉等特点，广泛应用于位移、振动、角度、加速度、压力、液位等多方面的测量中。

学习要点

3.1.1　电容式传感器的工作原理与结构

电容式传感器的原理和结构

电容式传感器的工作原理可以用平行板电容器加以说明，如图 3-1 所示。

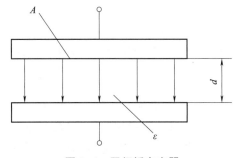

图 3-1　平行板电容器

当忽略边缘效应时，平行板电容器的电容为

$$C = \varepsilon \frac{A}{d} = \varepsilon_0 \varepsilon_r \frac{A}{d} \tag{3-1}$$

式中，A 为极板相互遮盖的有效面积（m²）；d 为极板间的距离，也称极距（m）；ε 为极板间介质的介电常数（F/m）；ε_0 为真空介电常数，$\varepsilon_0 = 8.85 \times 10^{-12}$ F/m；ε_r 为极板间介质的相对介电常数。

　　由式（3-1）可知，电容 C 与 A、d、ε 有关，当改变 A、d、ε 中的任意一个参数时，电容 C 都会发生变化，若保持其中任意两个参数不变，只改变另一个参数，那么该参数的变化就能转换为电容的变化。根据引起电容变化的参数不同，电容式传感器可以分为3 种类型：变遮盖面积型电容式传感器、变极距型电容式传感器和变介电常数型电容式传感器。

　　电容式传感器在使用中要注意以下几个方面对测量结果的影响：

　　（1）减小环境温度和湿度变化（可能引起某些介质的介电常数或极板的几何尺寸、相对位置发生变化）；

　　（2）减小边缘效应；

　　（3）减小寄生电容；

　　（4）使用屏蔽电极并接地（对敏感电极的电场起保护作用，与外电场隔离）；

　　（5）注意漏电阻、激励频率和极板支架材料的绝缘性。

1. 变遮盖面积型电容式传感器

变遮盖面积型电容式传感器的结构有很多，图 3-2 给出了较为常见的两种结构。

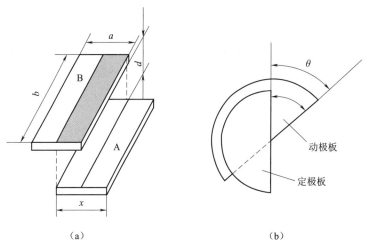

（a）　　　　　　　　　　　　　　（b）

图 3-2　变遮盖面积型电容式传感器的结构

（a）直线位移式（平板式）；（b）角位移式

　　图 3-2（a）所示为直线位移式（平板式）结构，极板 A 固定不动，称为定极板，极板 B 能够左右移动，称为动极板（与被测物相连）。当被测物移动时，其会带动极板 B 发生位移，从而改变动极板 B 与定极板 A 的相互遮盖面积，使两极板间的电容发生变化。

　　图 3-2（b）所示为角位移式结构，当动极板围着转轴发生旋转时，两极板间的遮盖面积会发生变化。

　　变遮盖面积型电容式传感器的输出特性是线性的，其测量范围宽，但是灵敏度较低，多用于直线位移、角位移等的测量。

2. 变极距型电容式传感器

变极距型电容式传感器的结构如图 3-3 所示，当动极板随着被测物发生移动时，两极板间的距离就会发生变化，从而改变两极板间的电容。如果初始极距 d_0 较小，则传感器的灵敏度会更高，也就是说，由相同位移 Δd 或 x 所引起的电容变化 ΔC 更大。因此，在实际应用中，总是使初始极距 d_0 尽可能小些，以获得较高的灵敏度，但这也使变极距型电容式传感器的行程范围变小。

一般地，变极距型电容式传感器的起始电容为 20~30 pF，极距 d_0 为 25~200 μm，最大位移通常小于极距的 1/10。因此，在实际应用时，为了减小非线性且提高灵敏度，多采用差动式结构，如图 3-4 所示。在差动式变极距型电容式传感器中，上下两个极板为定极板，中间极板为动极板。当动极板向上移动 Δx 后，C_1 的极距变为 $d_0-\Delta x$（电容增大），而 C_2 的极距变为 $d_0+\Delta x$（电容减小），二者形成差动变化，经测量电路后，其灵敏度提高了 1 倍，线性度大大降低。此外，差动式变极距型电容式传感器能减小由引力给测量带来的影响，并能有效地改善由温度等环境影响造成的误差。

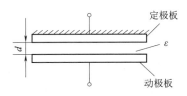

图 3-3 变极距型电容式传感器的结构

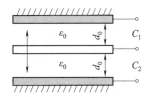

图 3-4 差动式变极距型电容式传感器的结构

3. 变介电常数型电容式传感器

不同介质的相对介电常数是不同的，因此，在电容器的两个极板之间插入不同的介质时，电容也会随之变化，这就是变介电常数型电容式传感器的基本工作原理。变介电常数型电容式传感器能够用来测量纸张、绝缘薄膜的厚度，也可以测量液位和物位的高度，还可以用来测量粮食、木材、纺织品等非导电固体介质的湿度等。表 3-1 给出了几种常见介质的相对介电常数。

表 3-1 几种常见介质的相对介电常数

介质	相对介电常数	介质	相对介电常数
真空	1	干纸	2~4
空气	略大于 1	干谷物	3~5
聚四氟乙烯	2	云母	5~8
聚丙烯	2~2.2	二氧化硅	38
聚苯乙烯	2.4~2.6	高频陶瓷	10~160
硅油	2~3.5	纯净水	80
聚偏二氟乙烯	3~5	压电陶瓷、低频陶瓷	1 000~10 000
盐	6	纤维素	3.9

图 3-5 所示为变介电常数型电容式传感器的原理。电容器上、下两极板保持相互遮盖面积和极距不变，当相对介电常数为 ε_{r2} 的介质插入电容器中的深度发生变化时，两种介质所对应的极板覆盖面积也会发生变化，从而使电容器的电容发生变化。被测介质 ε_{r2} 进入极板间的深度与电容的变化呈线性关系。

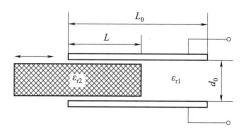

图 3-5　变介电常数型电容式传感器的原理

3.1.2　电容式传感器的测量电路

1. 调频电路

调频电路是将电容式传感器作为 LC 振荡器谐振回路的一部分，振荡器的频率受电容式传感器电容的调制。当被测参数变化导致电容发生变化时，LC 振荡器的振荡频率就会发生变化，从而实现 C/f 转换。图 3-6 所示为振荡器调频电路原理，振荡器输出频率的变化在鉴频器中转换为电压幅度的变化，经过放大器放大、检波后就可以用仪表指示或用记录仪器记录下来。

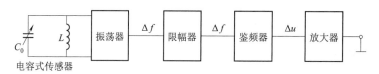

图 3-6　振荡器调频电路原理

振荡器的振荡频率为

$$f=\frac{1}{2\pi\sqrt{LC}} \tag{3-2}$$

式中，L 为振荡回路的固定电感（H）；C 为振荡回路的总电容（F），C 包括振荡回路的固有电容 C_1、传感器的引线分布电容 C_2 及传感器电容 $C_0\pm\Delta C$，即

$$C=C_1+C_2+C_0\pm\Delta C \tag{3-3}$$

2. 脉冲宽度调制电路

图 3-7 所示为由电容式传感器构成的脉冲宽度调制电路，当双稳态触发器的 Q 端为高电平时，A 点通过 R_1 对 C_1 充电，F 点电位逐渐升高。在 Q 端为高电平期间，$\overline{Q}$ 端为低电平，电容 C_2 通过低内阻的二极管 VD_2 迅速放电，G 点电位被钳位在低电平。当 F 点电位升高超过参考电压 U_R 时，比较器 A_1 产生一个"置零脉冲"，触发双稳态触发器翻转，A 点跳变为低电位，B 点跳变为高电位。此时，C_1 经二极管 VD_1 迅速放电，F 点电位被钳位在低电平，而同时 B 点高电位经 R_2 向 C_2 充电。当 G 点电位超过 U_R 时，比较器 A_2 产生一个"置 1 脉冲"，使双稳态触发器再次翻转，A 点恢复为高电位，B 点恢复为低电位。如

此周而复始，在双稳态触发器的两输出端各自产生一个宽度受电容 C_1、C_2 调制的脉冲波形，实现 C/U 转换。对于差动脉冲宽度调制电路，无论是改变平板电容器的极距或是极板间的相互遮盖面积，其变化量与输出量都呈线性关系。

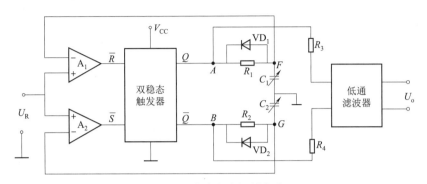

图 3-7　脉冲宽度调制电路

3. 运算放大器电路

运算放大器具有放大倍数 K 非常大、输入阻抗 Z_i 很高的特点，因而可以作为电容式传感器比较理想的测量电路，如图 3-8 所示，C_x 为电容式传感器。在放大倍数和输入阻抗趋近于无穷大时，运算放大器的输出电压与动极板的机械位移 d（极距）呈线性关系。运算放大器电路解决了单个变极距型电容式传感器的非线性问题。由于实际使用的运算放大器的放大倍数 K 和输入阻抗 Z_i 总是一个有限值，所以该测量电路仍然存在一定的线性度，但在 K、Z_i 足够大时，这种误差非常小。

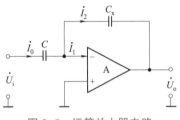

图 3-8　运算放大器电路

3.1.3　电容式传感器的应用

电容器的电容受 3 个因素的影响，即极距、相互遮盖面积和极间介电常数，固定其中的两个变量，电容就是另一个变量的一元函数。只要想办法将被测非电量转换成极距、相互遮盖面积或者介电常数的变化，就能通过测量电容这个参数来达到测量非电量的目的。

电容式传感器的用途有很多，如可以利用相互遮盖面积变化的原理，测量直线位移、角位移，构成电子千分尺；利用介电常数变化的原理，测量环境相对湿度、液位、物位；利用极距变化的原理，测量压力、振动等。

1. 电容料位计

电容料位计的工作原理如图 3-9 所示。

1）被测物料为导电体

如图 3-9（a）所示，电容料位计以直径为 d 的不锈钢或纯铜棒作为电极，外套聚四氟乙烯塑料绝缘套管。将其插在储液罐中，此时导电介质本身为外电极，内、外电极极距为聚四氟乙烯塑料绝缘套管的厚度，当料位发生变化时，内、外极板的相互遮盖面积发生变化，从而使电容随之变化。

2）被测物料为绝缘体

如图 3-9（b）所示，电容料位计可采用裸电极作为内电极，外套以开有液体流通孔的金属外电极，通过绝缘环装配。当被测液体的液面在两个电极间上下变化时，电极间介电常数不同的两种介质（上面部分为空气，下面部分为被测液体）的高度发生变化，从而使电容器的电容改变。被测液位的高度正比于电容器的电容变化。

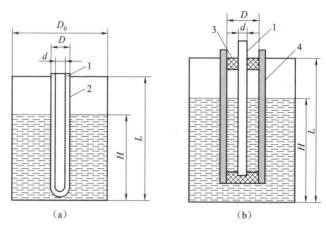

1—内电极；2—绝缘套管；3—绝缘环；4—外电极。

图 3-9　电容料位计的工作原理

（a）金属外套聚四氟乙烯式；（b）同轴内外金属管式

2. 电容测厚仪

电容测厚仪的工作原理如图 3-10 所示，在被测金属带材的上方和下方分别放置一块面积相等、与带材距离相等的定极板，则定极板与金属带材之间就形成了两个电容 C_1、C_2，将两个电容并联，总电容为 $C = C_1 + C_2$。当带材的厚度发生变化时，其就会引起两电容的极距增大或减小，从而使总电容 C 发生变化，用交流电桥将电容的变化量测量出来，通过放大电路放大，可由显示仪器显示带材厚度的变化。使用上、下两个极板是为了克服带材在传输过程中上下波动带来的误差。

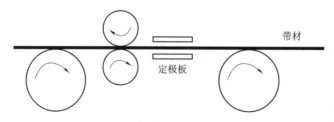

图 3-10　电容测厚仪的工作原理

3. 差动式电容压力传感器

图 3-11 所示为一种小型差动式电容压力传感器，它由金属弹性膜片与镀金凹玻璃圆片组成，被测压力 p_1、p_2 分别通过上、下两个进气孔进入空腔。当 $p_1 = p_2$ 时，金属弹性膜片处在中间位置，与上、下定极板距离相等，因此两个电容相等；当 $p_1 > p_2$ 时，弹性膜片向下弯曲，两个电容一个减小、一个增大，且变化量相等；当 $p_1 < p_2$ 时，压差反向，差动

电容的变化量也反向。电容的变化量经测量电路最终转换成与压力或压力差相对应的电压或电流的变化。差动式电容压力传感器的灵敏度和分辨率都很高，其灵敏度取决于初始间隙d_0，d_0越小，灵敏度越高。

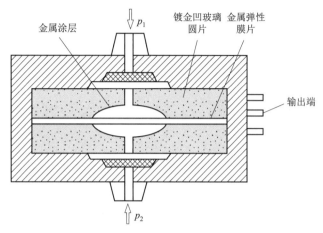

图 3-11　差动式电容压力传感器

4. 电容式湿度传感器

电容式湿度传感器利用的是两个电极间的电容随湿度变化的特性，其外形和基本结构如图 3-12 所示。湿敏材料作为电介质，在其两侧面镀上电极，当相对湿度增大时，湿敏材料吸收空气中的水蒸气，使两极板间介质的相对介电常数增大（水的相对介电常数为80），从而使电容增大。

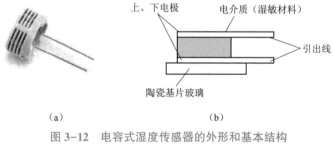

（a）　　　　　　　　　（b）

图 3-12　电容式湿度传感器的外形和基本结构

（a）外形；（b）基本结构

任务 2　电感式传感器

任务引入

电感式传感器利用电磁感应将被测的物理量（如位移、压力、流量、振动等）的变化转换成线圈自感系数和互感系数的变化，再由电路转换为电压或电流的变化量输出，实现非电量到电量的转换。

　　电感式传感器主要用于位移测量和可以转换成位移变化的机械量（如张力、压力、压差、加速度、振动、应变、流量、厚度、液位、比重、转矩等）测量。

　　电感式传感器具有结构简单、工作可靠、测量力小、分辨率高、输出功率大及测试精度高等优点，但同时它也有频率响应慢、不宜用于快速动态测量等缺点。

　　常用电感式传感器有变气隙型、变面积型和螺管型 3 种类型。在实际应用中，这 3 种传感器多制成差动式，以便提高线性度和减小电磁吸力所造成的附加误差。

学习要点

3.2.1　自感式传感器

自感式传感器

　　自感式传感器（见图 3-13）又称电感式位移传感器，由铁芯、线圈和衔铁构成，是将直线或角位移的变化转换为线圈电感变化的传感器，其铁芯和衔铁由导磁材料（如硅钢片或铁镍合金）制成。这种传感器的线圈匝数和材料磁导率都是一定的，其电感的变化是由位移输入量导致线圈磁路的几何尺寸变化而引起的。当把线圈接入测量电路并接通激励电源时，就可获得正比于位移输入量的电压或电流输出。

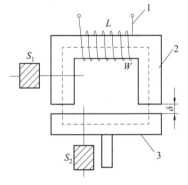

　　在铁芯和衔铁之间有气隙，自感式传感器的运动部分与衔铁相连，当衔铁移动时，气隙厚度 δ 发生改变，引起磁路总磁阻变化，从而导致电感线圈的电感变化。因此，只要能测出这种电感的变化，就能确定衔铁位移的大小和方向。

1—线圈；2—铁芯（定铁芯）；
3—衔铁（动铁芯）。

图 3-13　自感式传感器

　　根据电感的定义，线圈中电感可表示为

$$L = \frac{\Phi}{I} = \frac{W\Phi}{I} \tag{3-4}$$

式中，W 为线圈匝数；I 为通过线圈的电流（A）；Φ 为穿过线圈的磁通（Wb）。

　　根据磁路欧姆定律，有

$$\Phi = \frac{IW}{R_{\mathrm{m}}} \tag{3-5}$$

式中，R_{m} 为磁路总磁阻（$\mathrm{H^{-1}}$）。

　　式（3-4）与式（3-5）联立得

$$L = \frac{W^2}{R_{\mathrm{m}}} \tag{3-6}$$

　　当气隙很小时，可以认为气隙中的磁场是均匀的。若忽略磁路磁损，则磁路总磁阻为

$$R_{\mathrm{m}} = \frac{l_1}{\mu_1 S_1} + \frac{l_2}{\mu_2 S_2} + \frac{2\delta}{\mu_0 S_0} \tag{3-7}$$

式中，μ_1 为铁芯材料的磁导率（H/m）；μ_2 为衔铁材料的磁导率（H/m）；μ_0 为空气的磁导率（约为 $4\pi \times 10^{-7}$ H/m）；l_1 为磁通通过铁芯的长度（m）；l_2 为磁通通过衔铁的长度

（m）；S_1 为铁芯的截面面积（m^2）；S_2 为衔铁的截面面积（m^2）；S_0 为气隙的截面面积（m^2）；δ 为气隙的厚度（m）。

通常，气隙磁阻远大于铁芯和衔铁的磁阻，即

$$\frac{2\delta}{\mu_0 S_0} \gg \frac{l_1}{\mu_1 S_1}, \quad \frac{2\delta}{\mu_0 S_0} \gg \frac{l_2}{\mu_2 S_2}$$

于是式（3-7）可写为

$$R_\mathrm{m} = \frac{2\delta}{\mu_0 S_0} \tag{3-8}$$

联立式（3-6）及式（3-8），可得

$$L = \frac{W^2}{R_\mathrm{m}} = \frac{W^2 \mu_0 S_0}{2\delta} \tag{3-9}$$

式（3-9）表明：当线圈匝数为常数时，电感 L 仅仅是磁路总磁阻 R_m 的函数，改变 δ 或 S_0 均可导致电感变化，因此自感式传感器又可分为变气隙厚度 δ 的传感器和变气隙面积 S_0 的传感器。下面介绍目前使用最广泛的变气隙型自感式传感器。

由式（3-9）可知，L 与 δ_0 之间呈非线性关系，特性曲线如图 3-14 所示。当衔铁上移 $\Delta\delta$ 时，传感器气隙厚度减小 $\Delta\delta$，即 $\delta = \delta_0 - \Delta\delta$，此时输出电感为

$$L = L_0 + \Delta L = \frac{W^2 \mu_0 S_0}{2(\delta_0 - \Delta\delta)} = \frac{L_0}{1 - \dfrac{\Delta\delta}{\delta_0}} \tag{3-10}$$

式中，δ_0 为初始气隙厚度（m）。

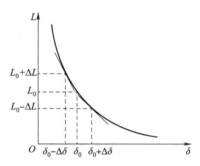

图 3-14　变气隙型自感式传感器的 L-δ 特性曲线

经过一系列数学公式处理，最后做线性处理（忽略高次项），可得

$$\frac{\Delta L}{L_0} = \frac{\Delta\delta}{\delta_0} \tag{3-11}$$

自感式传感器的灵敏度 K_0 为

$$K_0 = \frac{\mathrm{d}L}{\mathrm{d}\delta} = \frac{\Delta L}{\Delta\delta} = \frac{L_0}{\delta_0} \tag{3-12}$$

线性度为

$$\gamma = \left| \frac{\Delta\delta}{\delta_0} \right| \times 100\% \tag{3-13}$$

注意：变气隙型自感式传感器的灵敏度和线性度与测量范围相矛盾，因此变气隙型自感式传感器适用于测量微小位移的场合。

为了减小线性度，实际测量中广泛采用差动式变气隙型自感式传感器，如图 3-15 所示。图中，差动式变气隙型自感式传感器由两个相同的电感线圈 L_1、L_2 和磁路组成。测量时，衔铁通过导杆与被测体相连，当被测体上下移动时，导杆带动衔铁也上下移动相同的位移，使两个磁路中的磁阻产生大小相等、方向相反的变化，导致一个线圈的电感增大，另一个线圈的电感减小，形成差动形式。

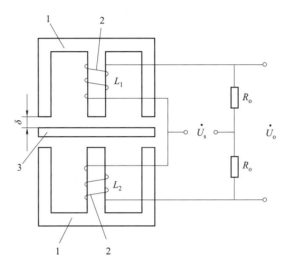

1—铁芯；2—线圈；3—衔铁。

图 3-15　差动式变气隙型自感传感器

经过计算，差动式变气隙型自感传感器的灵敏度为

$$K_0 = \frac{\mathrm{d}L}{\mathrm{d}\delta} = \frac{\Delta L}{\Delta \delta} = \frac{2L_0}{\delta_0}$$

线性度为

$$\gamma = \left| \frac{\Delta \delta}{\delta_0} \right|^2 \times 100\%$$

比较单线圈式和差动式两种变气隙型自感式传感器的特性，可以得到以下结论：

（1）差动式变气隙型自感式传感器的灵敏度是单线圈式的两倍；

（2）差动式变气隙型自感式传感器的线性度得到明显改善。

为了使输出特性得到有效改善，构成差动的两个变气隙型自感式传感器在结构尺寸、材料、电气参数等方面均应完全一致。

3.2.2　互感式传感器

把被测的非电量变化转换为线圈互感变化的传感器称为互感式传感器。这种传感器是根据变压器的基本原理制成的，并且二次绕组用差动形式连接，故又称差动变压器式传感器。

不同类型差动变压器式传感器的结构如图 3-16 所示。

在非电量测量中，应用最多的是螺管型差动变压器式传感器，它可以测量 1～100 mm 的机械位移，并具有测量精度高、灵敏度高、结构简单、性能可靠等优点。

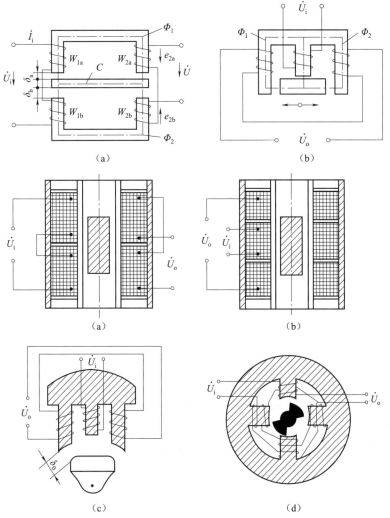

图 3-16　不同类型差动变压器式传感器的结构
（a）变气隙型 1；（b）变气隙型 2；（c）螺管型 1；（d）螺管型 2；
（e）变面积型 1；（f）变面积型 2

3.2.3　电涡流式传感器

根据法拉第电磁感应定律，金属导体置于变化的磁场中或在磁场中做切割磁力线运动时，导体内将产生呈漩涡状流动的感应电流，称为电涡流，这种现象称为电涡流效应。基于电涡流效应制成的传感器称为电涡流式传感器，其原理如图 3-17 所示。

电涡流式传感器由于具有测量范围大、灵敏度高、结构简单、抗干扰能力强、可实现非接触式测量等优点，被广泛地应用于工业生产和科学研究的各个领域，可以用来测量位移、振幅、尺寸、厚度、热膨胀系数和轴心轨迹等，还可以用来进行金属件探伤。

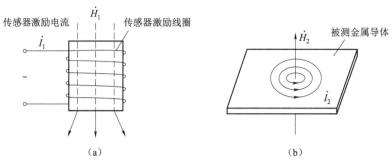

图 3-17　电涡流式传感器的原理

（a）传感器激励线圈；（b）被测金属导体

图 3-18 所示为透射式涡流厚度传感器的原理，在被测金属板的上方设有发射传感器线圈 L_1，在被测金属板下方设有接收传感器线圈 L_2。当在 L_1 上加低频电压 $\dot{U}_1$ 时，L_1 上产生交变磁通 Φ_1，若两线圈间无被测金属板，则交变磁通 Φ_1 直接耦合至 L_2 中，L_2 产生感应电压 $\dot{U}_2$。如果将被测金属板放入两线圈之间，则 L_1 线圈产生的磁场将在被测金属板中产生电涡流，并将贯穿被测金属板，此时磁场能量受到损耗，使到达 L_2 的磁通减弱为 Φ_1'，从而使 L_2 产生的感应电压 $\dot{U}_2$ 减小。被测金属板越厚，电涡流损失就越大，电压 $\dot{U}_2$ 就越小。因此，可根据电压 $\dot{U}_2$ 的大小推知被测金属板的厚度。透射式涡流厚度传感器的测量范围为 1~100 mm，分辨率为 0.1 μm，线性度为 1%。

电涡流式传感器可以对被测对象进行非破坏性探伤，如金属的表面裂纹检查、热处理裂纹检查及焊接部位的探伤等。在检查时，使电涡流式传感器与被测体的距离不变，如有裂纹出现，导体电阻率、磁导率将发生变化，从而引起电涡流式传感器的等效阻抗发生变化，达到探伤的目的。电涡流式传感器无损探伤的原理如图 3-19 所示。

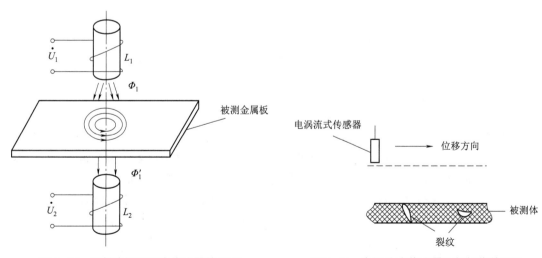

图 3-18　透射式涡流厚度传感器的原理　　　　图 3-19　电涡流式传感器无损探伤的原理

3.2.4 电感式传感器的应用

1. 变气隙型自感式传感器

变气隙型自感式传感器的原理如图 3-20 所示。当膜盒的顶端在压力 p 的作用下产生与压力 p 大小成正比的位移时，衔铁发生移动，从而使气隙厚度 δ 发生变化，流过线圈的电流也发生相应的变化，电流表的指示值就反映了被测压力的大小。

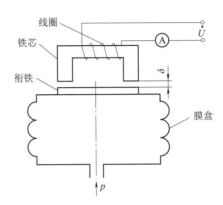

图 3-20　变气隙型自感式传感器的原理

2. 电涡流式传感器

电涡流式传感器可制成开关量输出的检测元件，这时可使测量电路大为简化。目前，应用比较广泛的有接近传感器，其可用于工件的计数，如图 3-21 所示。

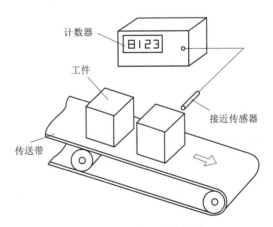

图 3-21　接近传感器计数原理

电涡流式传感器可用于测量转速。在一个旋转体上开一条或数条槽，或者将其加工成齿轮状，旁边安装一个电涡流式传感器。当旋转体转动时，电涡流式传感器将周期性地改变输出信号，此电压信号经过放大整形后，可用频率计输出频率，并由此计算出转速为

$$n = 60f/N$$

式中，f 为输出信号的频率（Hz）；N 为旋转体开的槽数；n 为被测体的转速（r/min）。

电涡流式传感器转速测量原理如图 3-22 所示。电涡流式传感器还可用于测量振幅，其原理如图 3-23 所示。

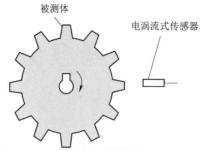

图 3-22　电涡流式传感器转速测量原理

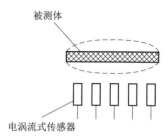

图 3-23　电涡流式传感器振幅测量原理

项目实施

请完成表 3-2 所示的项目工单。

表 3-2　项目工单

任务名称	电容式传感器、电感式传感器 结构及工作原理分析	组别	组员：

一、任务描述

根据本项目的学习，完成电容式传感器、电感式传感器结构和工作原理分析。

二、技术规范（任务要求）

（1）画出 3 种电容式传感器的结构，并对其工作原理进行分析。

（2）画成电涡流式传感器的结构，并对其工作原理进行分析。

三、计划（制订小组工作计划）

工作流程	完成任务的资料、工具或方法	人员安排	时间分配	备注

四、决策（确定工作方案）

（1）小组讨论、分析、阐述任务完成的方法、策略，确定工作方案。

（2）教师指导、确定最终方案。

五、实施（完成工作任务）

工作步骤	主要工作内容	完成情况	问题记录

六、检查（问题信息反馈）

反馈信息描述	产生问题的原因	解决问题的方法

七、评估（基于任务完成的评价）

（1）小组讨论，自我评述任务完成情况、出现的问题及解决方法，小组共同给出改进方案和建议。

（2）小组准备汇报材料，每组选派一人进行汇报。

（3）教师对各组完成情况进行评价。

（4）整理相关资料，完成评价表。

任务名称			姓名	组别	班级	学号	日期

考核内容及评分标准			分值	自评	组评	师评	均分
三维目标	素质	自主学习、合作学习、团结互助等	25				
	认知	任务所需知识的掌握与应用等	40				
	能力	任务所需能力的掌握与数量等	35				
加分项	收获（10分）	你有哪些收获（借鉴、教训、改进等）：	你进步了吗？		加分		
			你帮助他人进步了吗？				
	问题（10分）	发现问题、分析问题、解决方法、创新之处等：			加分		
总结与反思					总分		

八、拓展（基于本任务延伸的知识与能力）

九、备注（需要注明的内容）

指导教师评语：

任务完成人签字：　　　　　　　　　　　　　　　日期：　　年　　月　　日
指导教师签字：　　　　　　　　　　　　　　　　日期：　　年　　月　　日

项目3 位移的测量

项目小结

（1）电容式传感器利用电容器的原理，将被测物理量的变化转换为电容的变化，从而将非电量转换为电量，再经过测量电路转变为电压、电流或频率。

（2）电容式传感器具有结构简单、性能稳定、动态响应快、灵敏度高、分辨率高、价格低廉等特点，广泛应用于位移、振动、角度、加速度、压力、液位等多方面的测量中。

（3）电容式传感器的工作原理可以用平行板电容器加以说明。

（4）变遮盖面积型电容式传感器的输出特性是线性的，其测量范围宽，但是灵敏度较低，多用于直线位移、角位移等的测量。

（5）一般变极距型电容式传感器的起始电容为 $20\sim30$ pF，极距 d 为 $25\sim200$ μm，最大位移通常小于极距的 1/10。

（6）电感式传感器利用电磁感应将被测的物理量（如位移、压力、流量、振动等）的变化转换成线圈自感系数和互感系数的变化，再由电路转换为电压或电流的变化量输出，实现非电量到电量的转换。

（7）常用电感式传感器有变气隙型、变面积型和螺管型 3 种类型。

（8）电感式传感器具有结构简单、工作可靠、测量力小、分辨率高、输出功率大及测试精度高等优点，但同时它也有频率响应慢、不宜用于快速动态测量等缺点。

（9）自感式传感器又称电感式位移传感器，由铁芯、线圈和衔铁构成，是将直线或角位移的变化转换为线圈电感变化的传感器，其铁芯和衔铁由导磁材料（如硅钢片或铁镍合金）制成。

（10）差动式变气隙型自感式传感器的灵敏度是单线圈式的两倍。

（11）把被测的非电量变化转换为线圈互感变化的传感器称为互感式传感器。

（12）根据法拉第电磁感应定律，金属导体置于变化的磁场中或在磁场中做切割磁力线运动时，导体内将产生呈漩涡状流动的感应电流，称为电涡流，这种现象称为电涡流效应。

知识拓展

传感器在芯片、5G 和 6G 通信技术、人工智能、自动驾驶行业得到了广泛的应用，"辽宁舰""山东舰"航空母舰、093 型攻击核潜艇、094 型弹道导弹核潜艇、055 型导弹驱逐舰、歼 20 战斗机……无不遍布各种光电传感器、红外传感器、惯性传感器。

东风-31A、东风-41、东风-5B 等洲际弹道导弹，以及其他各种制导武器，依赖惯性测量单元（Inertial Measurement Unit，IMU）、激光传感器、红外传感器、毫米波传感器、光电传感器、雷达等各种传感器进行制导，以精确命中目标。

近几年火热的自动驾驶技术，无论是哪种方案，都至少需要用到摄像头、毫米波雷达、超声波雷达、激光雷达等数种传感器进行信息感知。一部手机有 10 多个传感器，一辆汽车有 300 多个传感器，一列高铁有 2 400 多个传感器……在制造业、人工智能、物联网……传感器无处不在。

从技术和应用类型来看，传感器分为位移、温度、压力、超声波、流量、电阻、图像传感器等；从学科来看，传感器还分为化学、物理、生物传感器等，包含声光电等；从产业布局上来看，传感器分为消费级、汽车电子、工业级、医疗传感器4种。

在消费电子、汽车电子、医疗电子及高端工业制造方面，国产传感器市场占比不超过10%，已经成为业界共识。

深圳立仪科技有限公司精心研发，打造具备高精度、高稳定性、高泛用性等优势的光谱共焦位移传感器，为我国制造业打破困局添助力。

该公司的光谱共焦位移传感器，可以轻松应对金属、玻璃、镜面体、黑色橡胶、陶瓷等材质测量，而且精度都能稳定保持在 1 μm 之内，具备在各种材质上的高精度直线性表现，相对传统三角激光位移传感器，在国内精密测量领域实现了新突破。在实际应用中，光谱共焦位移传感器也凭借其高精度、高稳定性、高泛用性等鲜明优势，赢得了高度认可。

除此之外，光谱共焦位移传感器也能在面板显示、点胶、测量等领域应用，诸如智能设备液晶面板显示、精密非接触测量、面板电极厚度测量等。在交通、新能源、医疗等攸关民生的领域，光谱共焦位移传感器也能起辅助作用，如使飞机、高铁、电池、玻璃容器等制造得更精细、更优质。

习题与思考

一、填空题

1. 电容式传感器是利用_____的原理，将被测物理量的变化转换为电容的变化，从而将非电量转换为电量，再经过测量电路可以转换为_____、_____或_____。

2. 电容式传感器的电容与_____和_____成正比，与_____成反比。

3. 根据引起电容变化的参数的不同，电容式传感器可以分为 3 种类型：_____、_____和_____。

4. 电感式传感器是利用_____将被测物理量的变化转换成线圈_____的变化，再由电路转换为电压或电流的变化量输出，实现_____到_____的转换。

5. 自感式传感器由_____、_____和衔铁构成，是将_____的变化转换为线圈电感变化的传感器。

6. 金属导体置于变化的磁场中或在磁场中做_____运动时，导体内将产生呈漩涡状流动的_____，称为电涡流，这种现象称为_____。

二、简答题

1. 简述电容式传感器的工作原理。

2. 简述电容式传感器的优缺点。

3. 简述变气隙型自感式传感器的测量原理。

4. 列举电涡流式传感器的应用场合。

三、综合应用题

有一台变极距型非接触式电容测微仪，其传感器的极板半径 $r = 8$ mm，假设与被测工件的初始间隙 $d_0 = 0.3$ mm，问：

（1）若传感器与被测工件的间隙增大 10 μm，电容变化量是多少？

（2）若测量电路的灵敏度 $K_0 = 100$ mV/pF，则当 $\Delta d = \pm 2$ μm 时输出电压为多少？

项目 4　温度的测量

项目引入

温度是反映物体冷热状态的物理参数。在 2 000 多年前，人们就开始使用温度传感器检测温度。在人类社会中，工业、农业、科研、国防、医学、环保等部门都与温度有着密切的关系。温度传感器是实现温度测量和控制的重要器件。在种类繁多的传感器中，温度传感器是应用最广泛、发展最快的传感器之一。

项目分解

学习目标

知识目标

（1）了解温标的概念和分类。

（2）掌握热电偶的工作原理。

（3）熟悉热电偶的种类、结构形式。

（4）了解热电偶的测量电路。

（5）熟悉热电偶的应用。

（6）掌握热电阻和热敏电阻的测温原理。

（7）掌握热电阻的型号、热敏电阻的类型及特性。

（8）熟悉热电阻、热敏电阻的基本应用电路。

能力目标

（1）能够根据实际情况正确地选用热电偶。

（2）能够使用热电偶进行测量。

（3）能够对热电偶的电路进行简单分析。

（4）能够连接热电阻、热敏电阻与显示仪表。

（5）会查热电阻分度表。

（6）能够对热敏电阻的质量进行检测和选型。

素养目标

（1）引导创新思维。

（2）培养爱岗敬业、精益求精的职业品质。

（3）培养安全意识。

任务 1　温度和温标的认知

任务引入

本任务对温度和温标的概念进行阐述，介绍温度的测量方法以及温标的分类，并对摄氏温标、华氏温标和热力学温标进行描述。

学习要点

4.1.1　温度测量

1. 温度的定义

温度是表征物体冷热程度的物理量，是人类社会的生产、科研和日常生活中需要测量和控制的一种重要物理量。

2. 温度的测量方法

温度的测量方法有接触式测温和非接触式测温两大类。表 4-1 列出了常用温度传感器的种类及特点。

表 4-1　常用温度传感器的种类及特点

测温方法	传感器的机理和类型		测温范围/℃	特点
接触式	体积热膨胀	玻璃水银温度计	−50~350	不需要电源，耐用；但测温元件体积较大
		双金属片温度计	−50~300	
		气体温度计	−250~1 000	
		液体压力温度计	−200~350	
	接触热电势	钨铼热电偶	1 000~2 100	自发电型，标准化程度高，品种多，可根据需要选择；但需进行冷端温度补偿
		铂铑热电偶	50~1 800	
		其他热电偶	−200~1 200	
	电阻变化	铂热电阻	−200~850	标准化程度高；但需要接入桥路才能得到电压输出
		铜热电阻	−50~150	
		热敏电阻	−50~450	
	PN 结电压	半导体集成温度计	−50~150	体积小，线性度好，灵敏度高；但测温范围小
	温度-颜色	示温涂料	−50~1 300	面积大，可得到温度图像；但易衰老，精度等级低
		液晶	0~100	
非接触式	光辐射、热辐射	红外辐射温度计	−80~1 500	响应快；但易受环境及被测体表面状态影响，标定困难
		光学高温温度计	500~3 000	
		热释电温度计	0~1 000	
		光子探测器	0~3 500	

　　接触式测量应用的温度传感器具有结构简单、工作稳定可靠及测量精度高等优点，但是，接触过程中可能破坏被测对象的温度场分布。有的介质有强烈的腐蚀性，特别是高温时对测温元件的影响更大。非接触式测量应用的温度传感器具有测量温度高、不干扰被测对象温度等优点，但测量精度较低。

　　常用温度传感器的外形如图 4-1 所示。

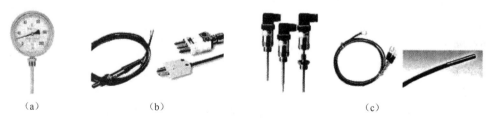

（a）　　　　　　　　（b）　　　　　　　　　　　　（c）

图 4-1　常用温度传感器的外形
（a）固体膨胀式温度计；（b）热电偶；（c）热电阻

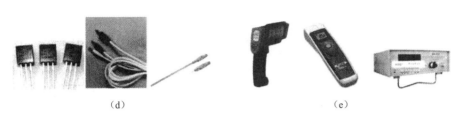

图 4-1　常用热温度传感器的外形（续）

（d）集成温度传感器；（e）红外辐射温度计

4.1.2　温标

温度标尺简称为温标，它是温度的数值表示方法。国际上规定的温标有摄氏温标、华氏温标和热力学温标等。

1. 摄氏温标

摄氏温标（℃）把标准大气压下水的冰点定为 0 ℃，沸点定为 100 ℃，其间分为 100 等份，每个等份为 1 ℃，常用符号为 t。

2. 华氏温标

华氏温标（℉）规定标准大气压下水的冰点及沸点分别为 32 ℉及 212 ℉，把这两个温度之间分为 180 等份，每个等份为 1 ℉，常用符号为 θ。华氏温标和摄氏温标之间的关系为

$$\theta = 1.8t + 32 \tag{4-1}$$

3. 热力学温标

热力学温标（K）又称为开氏温标，常用符号为 T，单位为开尔文（K）。规定分子的运动停止，即没有热存在时的温度为绝对零度，水的三相点温度（即固、液、气三态同时存在的平衡温度）为 273.16 K，把从绝对零度到水的三相点温度均分为 273.16 等份，每个等份为 1 K。

由于一直沿用水的冰点温度为 273.15 K，因此开氏和摄氏的换算关系为

$$t = T - 273.15 \tag{4-2}$$

第 18 届国际计量大会决议，从 1990 年 1 月 1 日开始在全世界范围内采用《1990 年国际温标》，简称 ITS—90。

ITS—90 定义了一系列温度的固定点，测量和重现这些固定点的标准仪器以及计算公式。例如，规定了氢的三相点为 13.803 3 K、氖的三相点为 24.556 1 K、氧的三相点为 54.358 4 K、氩的三相点为 83.805 8 K、汞的三相点为 234.315 6 K、水的三相点为 273.16 K（0.01 ℃）等。

以下的固定点用摄氏温度（℃）来表示：镓的凝固点为 29.764 6 ℃，锡的凝固点为 231.928 ℃，锌的凝固点为 419.527 ℃，铝的凝固点为 660.323 ℃，银的凝固点为 961.78 ℃，金的凝固点为 1 064.18 ℃，铜的凝固点为 1 084.629 ℃，这里就不再一一列举。

ITS—90 规定了不同温度段的标准测量仪器。例如，在极低温度范围，用气体体积热膨胀温度计来定义和测量；在氢的三相点和银的凝固点之间，用铂电阻温度计来定义和测量；而在银的凝固点以上，用光学辐射温度计来定义和测量等。

任务 2　热电偶测温

任务引入

热电偶是工业上最常用的一种利用热电效应制成的温度传感器，具有信号易于传输和变换、测温范围宽、测温上限高等优点。新近研制的钨铼系列热电偶的测温上限可达 2 800 ℃ 以上。在机械工业的多数情况下，这种温度传感器主要用于 500～1 500 ℃ 的温度测量。

学习要点

热电偶是温度测量仪表中常用的测温元件，它直接测量温度，并把温度信号转换成热电势信号，通过电气仪表（二次仪表）转换成被测介质的温度。各种热电偶的外形常因不同需要而极不相同，但是它们的基本结构却大致相同，一般由热电极、绝缘套保护管和接线盒等主要部分组成，通常和显示仪表、记录仪表及电子调节器配套使用。

4.2.1　热电偶的工作原理

取两种不同材料的金属导线 A 和 B，按图 4-2（a）所示连接好，当温度 $t \neq t_0$ 时，回路中就有电压（或电流）产生，其大小可由图 4-2（b）和图 4-2（c）所示的电路测出。试验表明，测得的电压值随温度 t 的升高而升高。由于回路中的电压（或电流）与两接点的温度 t 和 t_0 有关，所以在测温仪表术语中称它们为热电势（或热电流）。

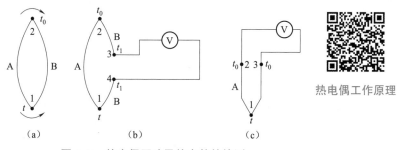

热电偶工作原理

图 4-2　热电偶回路及热电势的检测

一般来说，将任意两种不同材料的导体 A 和 B 首尾依次相接就构成了一个闭合回路，当两接点温度不同时，在回路中就会产生热电势，这种现象称为热电效应。这两种不同导体的组合就称为热电偶，A、B 称为热电极，温度高的接点称为热端（或工作端），温度低的接点称为冷端（或自由端），形成的回路称为热电偶回路。热电势由两种导体的接触电势（帕尔帖电势）和单一导体的温差电势（汤姆逊电势）组成。

1. 接触电势

各种金属导体都存在大量的自由电子，不同的金属，其自由电子密度是不同的，当 A、B 两种金属接触在一起时，在接点处就要发生电子扩散，即电子浓度大的金属中的自由电子就向电子浓度小的金属中扩散。这样，电子浓度大的金属因失去电子而带正电，相反，电子浓度小的金属由于得接收扩散来的多余电子而带负电。这时，在接触面两侧的一定范围内形成一个电场，电场的方向由 A 指向 B，如图 4-3（a）所示，该电场将阻碍电子的进一步扩散，最后达到动态平衡，从而得到一个稳定的接触电势，如图 4-3（b）所示。当接触点温度为 t 时，该接触电势用 $E_{AB}(t)$ 表示。

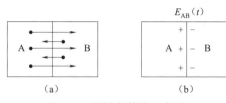

图 4-3　接触电势的形成过程

（a）扩散过程；（b）形成稳定的接触电势

2. 温差电势

单一导体中，如果两端温度不同，在两端之间会产生电势，即单一导体的温差电势。这是由于导体内热端（设温度为 t）的自由电子具有较大的动能，因而向冷端扩散，结果热端因失去电子带正电，冷端因得到电子而带负电，从而形成一个静电场，如图 4-4 所示。该电场反过来阻碍自由电子的继续扩散，当达到动态平衡时，在导体两端便产生一个相应的电位差，该电位差称为温差电势，其大小表示为

$$E_A(t,t_0) = \int_0^T \sigma \mathrm{d}T \tag{4-3}$$

式中，$E_A(t, t_0)$ 为导体 A 两端温度分别为 t、t_0 时形成的温差电势；σ 为汤姆逊系数。

3. 热电偶回路热电势

对于由导体 A、B 组成的热电偶回路，产生热电势原理可用图 4-5 表示。当温度 $t>t_0$，导体 A 的自由电子密度 n_A 大于导体 B 的自由电子密度 n_B 时，回路的总的热电势为

$$E_{AB}(t,t_0) = \left[E_{AB}(t) - E_{AB}(t_0)\right] + \left[-E_A(t,t_0) + E_B(t,t_0)\right] \tag{4-4}$$

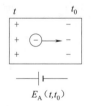　　　　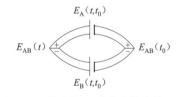

图 4-4　温差电势的形成过程　　　图 4-5　热电偶回路产生热电势原理

实际上，在同一种金属体内，温差电势极小，可以忽略，因此该回路中总的热电势可表示为

$$E_{AB}(t,t_0) = E_{AB}(t) + E_{BA}(t_0) \tag{4-5}$$

或

$$E_{AB}(t,t_0) = E_{AB}(t) - E_{AB}(t_0) \tag{4-6}$$

上式表明，热电偶回路中总的热电势为两接点热电势的代数和。当热电极材料确定

后，热电偶的总的热电势 $E_{AB}(t,t_0)$ 成为温度 t 和 t_0 的函数之差。如果使冷端温度固定不变，则热电势就只是温度 t 的单值函数。这样只要测出热电势的大小，就能判断测温点温度 t 的高低，这就是利用热电现象测温的基本原理。同时，可得以下结论。

（1）如果热电偶两电极材料相同，则两端温度虽然不同，但总输出电势仍为零，因此，必须由两种不同的金属材料才能构成热电偶。

（2）如果热电偶两接点温度相同，则回路中的总电势必然等于零。

（3）热电势的大小只与材料和接点温度有关，与热电偶的尺寸、形状及沿电极的温度分布无关。

注意：如果热电极本身性质是非均匀的，由于温度梯度存在，回路中将会有附加电势产生。

4.2.2　热电偶的基本定律

在实际测温时，热电偶回路中必然要引入测量热电势的显示仪表和连接导线。因此，理解热电偶的测温原理后，还要进一步掌握热电偶的一些基本定律，并在实际测温中灵活而熟练地应用。

1. 均质导体定律

由一种均质导体组成的闭合回路，不论导体的截面和长度如何，都不能产生热电势。这条定律说明：

（1）热电偶必须由两种材料不同的均质热电极组成；

（2）热电势与热电极的几何尺寸（长度、截面积）无关；

（3）由一种导体组成的闭合回路中存在温差时，如果回路中产生了热电势，那么该导体一定是不均匀的，由此可检查热电极材料的均匀性；

（4）两种均质导体组成的热电偶，其热电势只取决于两个接点的温度，与中间温度的分布无关。

2. 中间温度定律

如图 4-6 所示，一只热电偶的测量端和参考端的温度分别为 t 和 t_1 时，其热电势为 $E_{AB}(t,t_1)$；当温度分别为 t_1 和 t_0 时，其热电势为 $E_{AB}(t_1,t_0)$；当温度分别为 t 和 t_0 时，该热电偶的热电势为 $E_{AB}(t,t_0)$，即前二者之和，这就是中间温度定律，其中 t_1 称为中间温度，即有

$$E_{AB}(t,t_0)=E_{AB}(t,t_1)+E_{AB}(t_1,t_0) \tag{4-7}$$

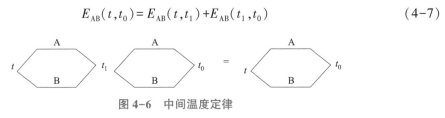

图 4-6　中间温度定律

由此定律可以得到以下结论。

（1）已知热电偶在某一给定冷端温度下进行的分度，只要引入适当的修正，就可以在另外的冷端温度下使用。这就为制定和使用热电偶分度表奠定了理论基础。

（2）为使用补偿导线提供了理论依据。一般把在 0～100 ℃ 范围内与所配套使用的热电偶具有同样热电特性的两根廉价金属导线称为补偿导线。因此，当热电偶回路中分别引

入与材料 A、B 有同样热电性质的材料 A′、B′，即引入所谓的补偿导线后，有 $E_{AB}(t'_0,t_0) = E_{A'B'}(t'_0,t_0)$。回路总电势为

$$E_{AB}(t,t_0) = E_{AB}(t,t'_0) + E_{A'B'}(t'_0,t_0) = E_{AB}(t,t'_0) + E_{AB}(t'_0,t_0) \qquad (4-8)$$

（3）只要 t、t_0 不变，连接 A′、B′ 后，不论接点温度如何变化，都不会影响总热电势，这就是引入补偿导线的原理。

3. 中间导体定律

该定律也称第三导体定律，即由不同材料组成的闭合回路中，若各种材料接触点的温度都相同，则在回路中热电势的总和等于零。图 4-7 中的导体 C 即为接入的第三种导体。在这种情况下共有三个接点，所以回路中的热电势为

$$E_{ABC}(t,t_0) = E_{AB}(t) + E_{BC}(t_0) + E_{CA}(t_0) \qquad (4-9)$$

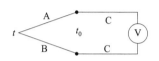

图 4-7　中间导体定律

由此定律可以得到以下结论：

在热电偶回路中，接入第三、第四种，或者更多种均质导体，只要接入的导体两端温度相等，则它们对回路中的热电势没有影响；利用热电偶测温时，只要热电偶连接显示仪表的两个接点温度相同，那么仪表的接入对热电偶的热电势没有影响；对于任何热电偶接点，只要其接触良好，温度均匀，不论用何种方法构成接点，都不影响热电偶回路的热电势。

根据这条定律，只要仪表处于稳定的环境温度中，我们就可以在热电偶回路中接入显示仪表、冷端温度补偿装置、连接导线等，组成热电偶温度测量系统，也表明两个电极间可以用焊接的方式构成测量端而不必担心它们会影响回路的热电势。在测量一些等温导体温度时，甚至可以借助该导体本身连接作为测量端。

4.2.3　热电偶的种类及结构形式

根据热电效应，只要是两种不同性质的导体都可制成热电偶，但在实际情况下，因为还要考虑灵敏度、准确度、可靠性、稳定性等条件，故作为热电极的金属材料，一般应满足以下要求：

（1）在同样的温差下产生的热电势大，且其热电势与温度之间呈线性或近似线性的单值函数关系；

（2）耐高温、抗辐射性能好，在较宽的温度范围内，其化学、物理性能稳定；

（3）电导率高，电阻温度系数和比热容小；

（4）复制性和工艺性好；

（5）材料来源丰富，价格低廉。

但目前还没有能够满足上述全部要求的材料，因此，在选择热电极材料时，只能根据具体情况，按照不同测温条件和要求选择不同的材料。

根据热电偶的材料和结构形式等可将其分为多种类型。

1. 按热电偶材料划分

并不是所有的材料都能作为热电偶材料，即热电极材料。国际上公认的热电极材料只

有几种，已列入标准化文件中。按照国际计量委员会规定的《1990 年国际温标》（ITS—1990）的标准，规定了 8 种通用热电偶。

下面简单介绍我国常用的几种热电偶，其具体特点及适用范围可参见相关手册或文献资料。

（1）铂铑-铂热电偶（分度号为 S）。正极：铂铑合金丝（用 90% 铂和 10% 铑冶炼而成）；负极：铂丝。

（2）镍铬-镍硅热电偶（分度号为 K）。正极：镍铬合金；负极：镍硅合金。

（3）镍铬-康铜热电偶（分度号为 E）。正极：镍铬合金；负极：康铜（铜、镍合金冶炼而成）。该热电偶也称为镍铬-铜镍合金热电偶。

（4）铂铑-铂铑热电偶（分度号为 B）。正极：铂铑合金（70% 铂和 30% 铑冶炼而成）；负极：铂铑合金（94% 铂和 6% 铑冶炼而成）。

标准化热电偶有统一分度表，而非标准化热电偶没有统一的分度表。非标准化热电偶在应用范围和数量上不如标准化热电偶，但这些热电偶一般是根据某些特殊场合的要求而研制的，例如超高温、超低温、核辐射、高真空等场合，一般的标准化热电偶不能满足需求，此时必须采用非标准化热电偶。使用较多的非标准化热电偶有钨铼、镍铬-金铁等。下面介绍一种在高温测量方面具有特别良好性能的钨铼热电偶。

（5）钨铼热电偶。正极：钨铼合金（95% 钨和 5% 铼冶炼而成）；负极：钨铼合金（80% 钨和 20% 铼冶炼而成）。它是目前测温范围最高的一种热电偶，测量温度长期可达 2 800 ℃，短期可达 3 000 ℃；高温抗氧化能力差，可在真空、惰性气体介质或氢气介质中使用；热电势和温度的关系近似直线，在高温为 2 000 ℃时，热电势接近 30 mV。

2. 按热电偶结构形式划分

为了保证热电偶可靠、稳定地工作，对它的结构要求如下：

（1）组成热电偶的两个热电极的焊接必须牢固；

（2）两个热电极彼此之间应很好地绝缘，以防短路；

（3）补偿导线与热电偶自由端的连接更方便可靠；

（4）保护套管应能保证热电极与有害介质充分隔离。

热电偶按结构形式划分有普通热电偶、铠装热电偶、薄膜热电偶、表面热电偶、浸入式热电偶。

（1）普通热电偶。如图 4-8 所示，工业上常用的热电偶一般由热电极、绝缘管、保护套管、接线盒、接线盒盖组成。这种热电偶主要用于气体、蒸气、液体等介质的测温，已经制成标准形式，可根据测温范围和环境条件来选择合适的热电极材料及保护套管。

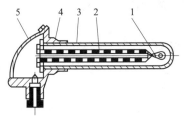

1—热电极；2—绝缘管；3—保护套管；4-接线盒；5—接线盒盖。

图 4-8　普通热电偶结构示意图

（2）铠装热电偶。如图 4-9 所示，根据测量端结构形式，又可分为碰底型、不碰底型、裸露型、帽型等。

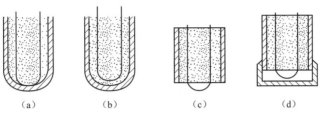

图 4-9 铠装热电偶结构示意图

（a）碰底型；（b）不碰底型；（c）裸露型；（d）帽型

铠装热电偶由热电偶丝、绝缘材料（氧化铁）、不锈钢保护管经拉制工艺制成。其主要优点是外径细、响应快、柔性强，可进行一定程度的弯曲；耐热、耐压、耐冲击性强。

（3）薄膜热电偶。薄膜热电偶是用真空蒸镀的方法，将热电极材料蒸镀到绝缘基板上而制成。因采用蒸镀工艺，所以它可以做得很薄，而且尺寸可做得很小。其结构可分为片状、针状等。图 4-10 所示为片状薄膜热电偶结构示意图，这种热电偶的特点是热容小、动态响应快，适宜测微小面积和瞬变温度，测温范围为 $-200 \sim 300\ ℃$。

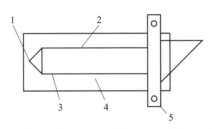

1—测量接点；2—薄膜 A；3—薄膜 B；4—补底；5—接头夹。

图 4-10 片状薄膜热电偶结构示意图

（4）表面热电偶。表面热电偶有永久性安装和非永久性安装两种，主要用来测金属块、炉壁、涡轮叶片、轧辊等固体的表面温度。

（5）浸入式热电偶。这是一种专门为测量铜水、钢水、铝水及熔融合金的温度而设计的特殊热电偶，热电极由直径 $0.05 \sim 0.1\ mm$ 的铂铑$_{10}$-铂铑$_{30}$（或钨铼$_6$-钨铼$_{20}$）等材料制成，且装在外径为 $1\ mm$ 的 U 形石英管内，构成测温的敏感元件。其外部有绝缘良好的纸管、保护管及高温绝热水泥加以保护和固定。特点：当其插入钢水后，保护帽瞬间熔化，热电偶工作端即刻暴露在钢水中，由于石英保护管和热电偶热容都很小，因此能很快反映钢水的温度，反应时间一般为 $4 \sim 6\ s$。在测出温度后，热电偶和石英保护管都被烧坏，因此只能一次性使用。这种热电偶可直接用补偿导线接到专用的快速电子电位差计上，直接读取钢水温度。

4.2.4 热电偶的冷端补偿

用热电偶测温时，热电势的大小取决于冷热端温度之差。如果冷端温度固定不变，则取决于热端温度。如冷端温度是变化的，将会引起测量误差。为此，必须采用一定的措施来消除冷端温度变化所产生的影响。

1. 冷端恒温法

冷端恒温法是指人为制成一个恒温装置，把热电偶的冷端置于其中，保证冷端温度恒定。常用的恒温装置有冰点槽和电热式恒温箱两种。

一般热电偶定标时，冷端温度是以 0 ℃为标准的。因此，常常将冷端置于冰水混合物中，使其温度保持为恒定的 0 ℃。在实验室条件下，通常是把冷端放在盛有绝缘油的试管中，如图 4-11 所示，然后将其放入装满冰水混合物的保温容器中，使冷端保持 0 ℃。为防止短路和改善传热条件，两只热电极的冷端分别插在盛有变压器油的试管中，这种方法测量准确度高，但使用麻烦，只适用于实验室中。

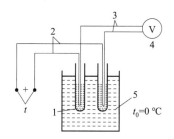

1—油；2—补偿导线；3—铜导线；4—测温毫伏计；5—冰水混合物。

图 4-11　冷端恒温法（冰点槽）

在现场，常使用电热式恒温箱。这种恒温箱通过接点控制或其他控制方式维持箱内温度恒定（常为 50 ℃）。

2. 冷端温度校正法

由于热电偶的温度分度表是在冷端温度保持 0 ℃的情况下得到的，与它配套使用的测量电路或显示仪表又是根据这一关系曲线进行刻度的，因此冷端温度不等于 0 ℃时，就需对仪表指示值加以校正。如果冷端温度高于 0 ℃，但恒定于 t ℃，则测得的热电势要小于该热电偶的分度值，为求得真实温度，可利用中间温度法则，即利用下式进行校正：

$$E_{AB}(t,0)=E_{AB}(t,t_0)+E_{AB}(t_0,0) \tag{4-10}$$

3. 补偿导线法

为了使热电偶冷端温度保持恒定（最好为 0 ℃），当然可将热电偶做得很长，使冷端远离工作端，并连同测量仪表一起放置到恒温或温度波动比较小的地方，但这种方法一方面安装使用不方便，另一方面也可能耗费许多贵重的金属材料。因此，一般是用一种称为补偿导线的连接线将热电偶冷端延伸出来，如图 4-12 所示，这种导线在一定温度范围内（0~150 ℃）具有和所连接的热电偶相同的热电性能，若是用廉价金属制成的热电偶，则可用其本身材料的导线作补偿导线将冷端延伸到温度恒定的地方。

必须指出，只有冷端温度恒定或配用仪表本身具有冷端温度自动补偿能力时，应用补偿导线才有意义。热电偶和补偿导线连接端所处的温度一般不应超出 100 ℃，否则也会由于热电特性不同带来新的误差。

4. 补偿电桥法

补偿电桥法是利用不平衡电桥产生的电势来补偿热电偶由冷端温度变化而引起的热电势变化值。补偿电桥法现已标准化，如图 4-13 所示。不平衡电桥（即补偿电桥）由电阻 R_1、R_2、R_3 和 R_{Cu} 组成，其中 $R_1=R_2=R_3=1$ Ω；R_S 是用温度系数很小的锰铜丝绕制而成的；R_{Cu} 是由温度系数较大的铜线绕制而成的补偿电阻。0 ℃时，$R_{Cu}=1\ \Omega$，R_S 的值可根据所选热电偶的类型计算确定。此桥串联在热电偶测量回路中，热电偶冷端与电阻 R_{Cu} 感受相同的温度，在某一温度下（通常取 0 ℃）调整电桥平衡，即 $R_1=R_2=R_3=R_{Cu}$，当冷端温度变化时，R_{Cu} 随温度改变，破坏电桥平衡，产生一个不平衡电压 ΔU，此电压则与热电势相叠加，一起送入测量仪表。适当选择 R_S 的数值，可使电桥产生的不平衡电压 ΔU 在一定温度范围内基本上能够补偿冷端温度变化引起的热电势变化。这样，当冷端温度有一定变化时，仪表仍然可给出正确的温度示值。

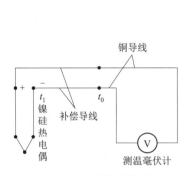

图 4-12　补偿导线法

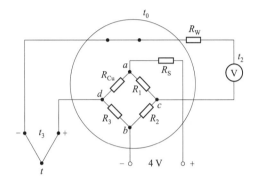

图 4-13　补偿电桥法

任务 3　热电阻测温

任务描述

　　自然界中任何物理、化学过程都与温度有着密切的联系，它是影响生产安全、产品质量、生产效率和能源利用等方面的重要因素之一。热电阻用于家电产品中的室内空调、干燥器、电冰箱、微波炉等，还用来控制汽车发动机，如测定水温、吸气温度等，也可广泛用于检测化工厂的溶液和气体的温度。

学习要点

　　利用导体或半导体材料的电阻值随温度变化的特性制成的传感器叫作热电阻传感器，其测温范围主要在中、低温区域（−200～850 ℃）。随着科学技术的发展，低温传感器已成功地应用于−800～−200 ℃的温度测量，而在高温方面，也出现了多种用于测量 1 000～1 300 ℃的电阻温度传感器。一般把由金属导体（如铂、铜、银等）制成的测温元件称为热电阻，把由半导体材料制成的测温元件称为热敏电阻。

4.3.1　常用热电阻

　　对测温用的热电阻材料的要求：电阻值与温度变化具有良好的线性关系；电阻温度系数要大，便于精确测量；电阻率高，热容小，响应速度快；在测温范围内具有稳定的物理和化学性能；材料质量要纯，容易加工复制，价格便宜。目前使用最广泛的热电阻材料是铂和铜。随着低温和超低温测量技术的发展，热电阻材料已开始采用铟、锰、碳等材料。

1. 热电阻的原理

1）铂热电阻

铂热电阻主要用于高精度的温度测量和标准测温装置，性能非常稳定，测量精度高，其测温范围为$-200 \sim 850 \ ℃$。铂的纯度通常用百度电阻比$W(100) = R_{100}/R_0$来表示，其中R_{100}和R_0分别代表在100 ℃和0 ℃时的电阻值。工业上常用的铂电阻的百度电阻比$W(100) = 1.380 \sim 1.387$，标准值为1.385。

铂电阻的电阻值与温度之间的关系可用下式表示：

$$\begin{cases} R_t = R_0(1 + At + Bt^2) & (0 \sim 850 \ ℃) \\ R_t = R_0[1 + At + Bt^2 + Ct^3(t - 100)] & (-200 \sim 0 \ ℃) \end{cases} \quad (4-11)$$

式中，R_t和R_0分别为温度为t ℃和0 ℃时的电阻值；A、B、C为常数，$A = 3.968\ 47 \times 10^{-3}/℃$，$B = -5.847 \times 10^{-7}/℃$，$C = -4.22 \times 10^{-12}/℃$。

2）铜热电阻

铜热电阻价格便宜、易于提纯、复制性较好，在$-50 \sim 150 \ ℃$测温范围内，线性较好，电阻温度系数比铂高，但电阻率较铂小，在温度稍高时易于氧化，测温范围较窄，体积较大。因此，铜热电阻适用于对测量精度和敏感元件尺寸要求不是很高的场合。

铜电阻的阻值与温度间的关系为

$$R_t = R_0(1 + \alpha t) \quad (4-12)$$

式中，α为铜电阻的温度系数，一般取$\alpha = (4.25 \sim 4.28) \times 10^{-3}/℃$。

铂热电阻和铜热电阻目前都已标准化和系列化，选用较方便。

2. 热电阻的结构形式

1）普通热电阻

普通热电阻一般由测温元件（电阻体）、保护套管和接线盒3个部分组成，其结构示意图如图4-14所示。铜热电阻的测温元件通常用$\phi 0.1$ mm的漆包线或丝包线制成，采用双线绕在塑料圆柱形骨架上，再浸入酚醛树脂（起保护作用）。铂热电阻的测温元件一般用$\phi 0.03 \sim 0.07$ mm的铂丝绕在云母绝缘片上制成，云母片边缘有锯齿缺口，铂丝绕在齿缝内以防短路。

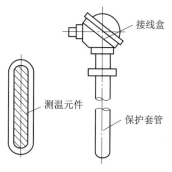

图4-14　热电阻的结构示意图

2）铠装热电阻

铠装热电阻由金属保护套管、绝缘材料和测温元件组成，其结构示意图如图4-15所示。铠装热电阻的测温元件用细钳丝绕在陶瓷或玻璃骨架上制成，其热惰性小、响应速度快，具有良好的力学性能，可以耐强烈振动和冲击，适用于高压设备测温以及有振动的场合和恶劣环境。

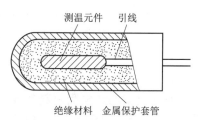

图4-15　铠装热电阻的结构示意图

3）薄膜及厚膜型铂热电阻

薄膜及厚膜型铂热电阻主要用于平面物体的表面温度和动态温度的检测，也可部分代替线绕型铝热电阻用于测温和控温，其测温范围一般为-70~600 ℃。

4.3.2 热电阻的测量电路

热电阻的测量电路一般使用电桥电路。由于工业用热电阻安装在生产现场，离控制室较远，因此热电阻的引线对测量结果有较大影响。目前，热电阻引线方式有两线制、三线制和四线制3种。

1. 两线制（引线不长，精度较低）

两线制接线方式如图4-16所示，在热电阻测温元件的两端各连一根导线。这种引线方式简单、费用低，但是引线电阻以及引线电阻的变化会带来附加误差，因此，两线制适用于引线不长、测温精度要求较低的场合，确保引线电阻值远小于热电阻值。

2. 三线制（工业测量，一般精度）

由于热电阻的阻值很小，因此导线的电阻值不能忽视。例如，100 Ω 的铂电阻，1 Ω的导线电阻可能产生 3 ℃左右的误差。为解决导线电阻的影响，工业热电阻大多采用三线制电桥连接法，如图4-17所示。图中 R_t 为热电阻，其3根引出导线相同，阻值都是 r。其中一根与电桥电源相串联，它对电桥的平衡没有影响；另外两根分别与电桥的相邻两臂串联，当电桥平衡时，可得关系式为

$$(R_t+r)R_2 = (R_2+r)R_1 \qquad (4-13)$$

所以有

$$R = \frac{(R_3+r)R_1-rR_2}{R_2} \qquad (4-14)$$

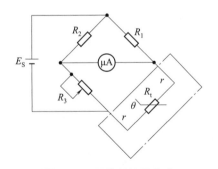

图4-16　两线制接线方式

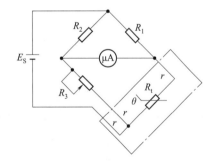

图4-17　三线制接线方式

如果使 $R_1=R_2$，则式（4-13）就和 $r=0$ 时的电桥平衡公式完全相同，即说明此种接法导线电阻 r 对热电阻的测量毫无影响。注意：以上结论只有在 $R_1=R_2$ 且处于平衡状态下才成立。

为了消除从热电阻测温元件到接线端子间的导线对测量结果的影响，一般要求从热电阻测温元件的根部引出导线，且要求引出线一致，以保证它们的电阻值相等。

表4-2和表4-3为铂热电阻和铜热电阻的分度表。

表 4-2　铂热电阻（分度号为 Pt100）分度表

温度/℃	0	10	20	30	40	50	60	70	80	90
	电阻/Ω									
−200	18.52	—	—	—	—	—	—	—	—	—
−100	60.26	56.19	52.11	48.00	43.87	39.71	35.53	31.32	27.08	22.80
−0	100.00	96.09	92.16	88.22	84.31	80.31	76.33	72.33	68.33	64.30
0	100.00	103.90	107.79	111.67	115.54	119.40	123.24	127.07	130.89	134.70
100	138.50	142.29	146.06	149.82	153.58	157.31	161.04	164.76	168.46	172.16
200	175.84	179.51	184.17	186.82	190.45	194.07	197.69	201.29	204.88	208.45
300	212.02	215.57	219.12	222.65	226.17	229.67	233.17	236.66	240.13	243.59
400	247.04	250.48	253.90	257.32	260.72	264.11	267.49	270.86	274.22	277.56
500	280.90	284.22	287.53	290.83	294.11	297.39	300.65	303.91	307.15	310.38
600	313.59	316.80	319.99	323.18	326.35	329.51	332.66	335.79	338.92	342.03
700	345.13	348.22	351.30	354.37	357.37	360.47	363.50	366.52	369.53	372.52
800	375.51	378.48	381.45	384.34	387.34	390.26	—	—	—	—

注：第一行温度符号与第一列温度符号相同。

表 4-3　铜热电阻（分度号为 Cu50）分度表

温度/℃	0	10	20	30	40	50	60	70	80	90
	电阻/Ω									
−0	50.00	47.85	45.71	43.56	41.40	39.24	—	—	—	—
0	50.00	52.14	45.29	56.43	58.57	60.70	62.84	64.98	67.12	69.26
100	71.40	73.54	73.69	77.83	79.98	82.13	—	—	—	—

3. 四线制（实验室测量，精度高）

三线制接法是工业测量中广泛采用的方法。在高精度测量中，可设计成四线制测量电路，如图 4-18 所示。

图中测量仪表一般用直流电位差计，热电阻上引出阻值各为 R_1、R_4 和 R_2、R_3 的 4 根导线，分别接在电流和电压回路，电流导线上 R_1、R_4 引起的电压降，不在测量范围内，而电压导线上虽有电阻但无电流（电位差计测量时不取用电流，认为内阻无穷大），所以 4 根导线的电阻对测量都没有影响。热电阻与显示仪表或其他装置连接时，用三线制或四线制连接。

4.3.3　热敏电阻

热敏电阻主要用于点温度、小温差温度的测量，远距离、多点测量与控制，温度补偿和电路的自动调节等。

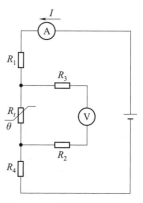

图 4-18　四线制测量电路

热敏电阻可分为正温度系数（Positive Temperature Coefficient，PTC）热敏电阻、负温度系数（Negative Temperature Coefficient，NTC）热敏电阻和临界温度热敏电阻（CTR）。

图4-19为热敏电阻的电阻温度特性曲线，曲线1为NTC热敏电阻，曲线2为CTR，曲线3为突变型PTC热敏电阻，曲线4为缓变型PTC热敏电阻，曲线5为铂热电阻。

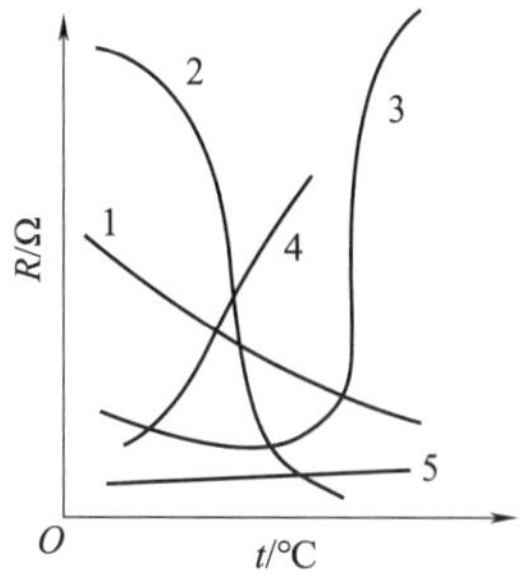

NTC热敏电阻主要用于温度测量和补偿。

突变型PTC热敏电阻主要用作温度开关，缓变型PTC热敏电阻主要用于在较宽的温度范围内进行温度补偿或测量。

临界温度热敏电阻主要用作温度开关。

热敏电阻可根据使用要求，封装加工成各种形状的探头，如圆片形、柱形、珠形、铠装式、薄膜式和厚膜式等，如图4-20所示。

图4-19　热敏电阻的电阻温度特性曲线

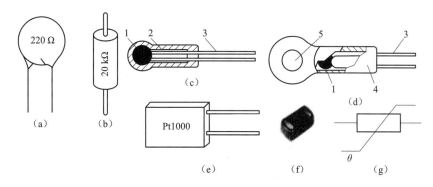

1—热敏电阻；2—玻璃外壳；3—引出线；4—纯铜外壳；5—传热安装孔。

图4-20　热敏电阻的外形、结构及图形符号

（a）圆片形；（b）柱形；（c）珠形；（d）铠装式；（e）厚膜式；（f）贴片式；（g）图形符号

4.3.4　热敏电阻的检测和应用

1. 热敏电阻的检测

热敏电阻的检测分两步，只有两步测量均正常才能说明热敏电阻正常，在进行两步测量时，还可以判断出电阻的类型（NTC或PTC）。热敏电阻的检测如图4-21所示。

第一步：测量常温（25 ℃左右）下的标称阻值。根据标称阻值选择合适的欧姆挡，图中的热敏电阻的标称阻值为259 Ω，故选择 $R \times 10$ Ω 挡，将红、黑表笔分别接触热敏电阻的一个电极，如图4-21（a）所示，然后在刻度盘上查看测得阻值的大小。若阻值与标称阻值一致或接近，说明热敏电阻正常。

若阻值为0，说明热敏电阻短路。若阻值为无穷大，说明热敏电阻开路。若阻值与标称阻值偏差过大，说明热敏电阻性能变差或损坏。

第二步：改变温度测量阻值。用火焰靠近热敏电阻（不要让火焰接触电阻，以免烧坏电阻），如图4-21（b）所示，对热敏电阻进行加热，然后将红、黑表笔分别接触热敏电阻的一个电极，再在刻度盘上查看测得阻值的大小。若阻值与标称阻值比较有变化，说明热敏电阻正常。若阻值向大于标称阻值方向变化，说明为PTC热敏电阻。若阻值向小于标称阻值方向变化，说明为NTC热敏电阻。若阻值不变化，说明热敏电阻损坏。

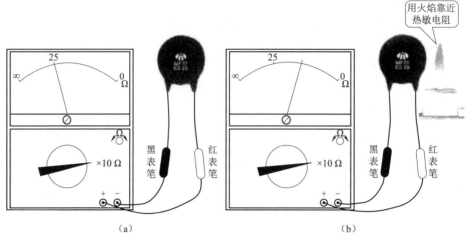

图 4-21　热敏电阻的检测

2. 热敏电阻的应用

根据不同的使用目的，选择相应的热敏电阻的类型、参数及结构。热敏电阻的测量电路一般用桥式电路。

热敏电阻的应用主要分以下几个方面。

1）温度测量

用于测量温度的热敏电阻一般结构较简单、价格较低廉。没有外面保护层的热敏电阻只能应用在干燥的地方；密封的热敏电阻不怕湿气的侵蚀，可以用在较恶劣的环境下。由于热敏电阻的阻值较大，故其连接导线的电阻和接触电阻可以忽略，使用时采用二线制即可。

2）温度补偿

热敏电阻可在一定的温度范围内对某些元件进行温度补偿。例如，动圈式仪表表头中的动圈由铜线绕成，温度升高，其阻值增大，引起测量误差，为此可在动圈回路中串入由 NTC 热敏电阻（图 4-22 中 R_t）组成的电阻网络，从而抵消温度引起的误差。实际应用时，将 NTC 热敏电阻与锰铜丝电阻并联后再与被补偿元件串联，对被补偿元件进行补偿。

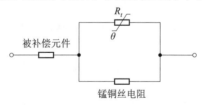

图 4-22　热敏电阻对 NTC 电阻的补偿

3）温度控制

热敏电阻广泛用于空调、电冰箱、热水器和节能灯等家用电器及国防、科技等领域的测温、控温。

4）继电保护

将突变型 NTC 热敏电阻埋设在被测物中，并与继电器串联，给电路加上恒定的电压，当周围的温度上升到一定的数值时，电路中的电流可以由十分之几毫安突变为几十毫安，因此继电器动作，从而实现温度控制或过热保护。

图 4-23 为突变型 NTC 热敏电阻对电动机进行过热保护原理。将 3 只性能相同的突变型 NTC 热敏电阻分别紧靠 3 个电阻并用万能胶固定，当电动机正常运行时，温度较低，晶体管 VT 截止，继电器 K 不动作；当电动机过负荷、断相或一相接地时，电动机温度急剧升高，使热敏电阻阻值急剧减小到一定值时，继电器 K 吸合，使电动机供电电路断开，实现保护作用。

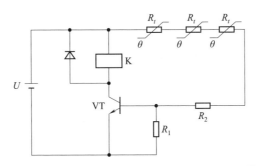

图 4-23　突变型 NTC 热敏电阻对电动机进行过热保护原理

5）温度上下限报警

温度上下限报警电路如图 4-24 所示。R_t 为 NTC 热敏电阻，采用运算放大器构成迟滞电压比较器。当温度 T 等于设定值时，$U_{ab}=0$，VT_1 和 VT_2 都截止，VD_1 和 VD_2 都不发光；当 T 升高时，R_t 减小，$U_{ab}>0$，VT_1 导通，VD_1 发光报警；当 T 下降时，R_t 增加，$U_{ab}<0$，VD_2 导通，VL_2 发光报警。

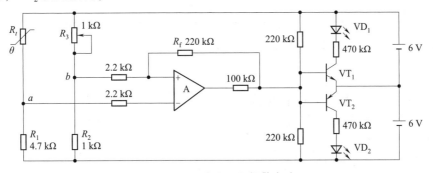

图 4-24　温度上下限报警电路

6）热敏电阻自动消磁

在彩色电视机中，彩色显像管的荫罩板、屏蔽罩等由铁磁性物质组成，在使用过程中很容易受电视机周围磁场的作用而被磁化，影响显像管的色纯度和会聚。因此，彩色电视机每次开机时都需要进行自动消磁。

通常的消磁方法是利用逐渐减小的交变磁场来消除铁磁性物质的剩磁。这种逐渐减小的交变磁场可以通过一个逐渐减小的交流电流流过线圈得到。电视机中常用的自动消磁电路由消磁线圈、PTC 热敏电阻等组成，其电路及工作原理如图 4-25 所示。

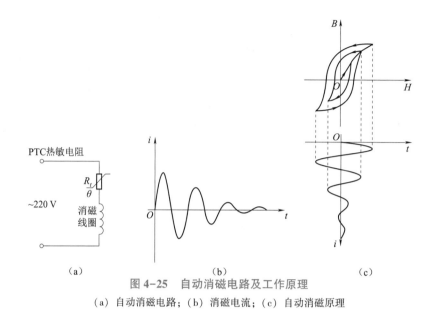

图 4-25　自动消磁电路及工作原理

（a）自动消磁电路；（b）消磁电流；（c）自动消磁原理

接通电源时，由于热敏电阻阻值很小（一般为 18 Ω），消磁线圈中流过的电流很大，该电流同时流过热敏电阻，使热敏电阻的阻值迅速增大，进而使流过消磁线圈中的电流迅速减小，达到自动消磁的目的。

项目实施

请完成表 4-4 所示的项目工单。

表 4-4　项目工单

任务名称	热电偶测温的分析	组别	组员：

一、任务描述

根据本项目的学习，能够完成热电偶测温的分析。

二、技术规范（任务要求）

（1）画出热电偶回路。

（2）写出热电偶测温原理。

（3）写出热电偶的三定律，并分别对其进行分析。

三、计划（制订小组工作计划）

工作流程	完成任务的资料、工具或方法	人员安排	时间分配	备注

四、决策（确定工作方案）

（1）小组讨论、分析、阐述任务完成的方法、策略，确定工作方案。

（2）教师指导、确定最终方案。

续表

五、实施（完成工作任务）

工作步骤	主要工作内容	完成情况	问题记录

六、检查（问题信息反馈）

反馈信息描述	产生问题的原因	解决问题的方法

七、评估（基于任务完成的评价）

（1）小组讨论，自我评述任务完成情况、出现的问题及解决方法，小组共同给出改进方案和建议。

（2）小组准备汇报材料，每组选派一人进行汇报。

（3）教师对各组完成情况进行评价。

（4）整理相关资料，完成评价表。

任务名称			姓名	组别	班级	学号	日期
考核内容及评分标准			分值	自评	组评	师评	均分
三维目标	素质	自主学习、合作学习、团结互助等	25				
	认知	任务所需知识的掌握与应用等	40				
	能力	任务所需能力的掌握与数量等	35				
加分项	收获（10分）	你有哪些收获（借鉴、教训、改进等）：	你进步了吗？			加分	
			你帮助他人进步了吗？				
	问题（10分）	发现问题、分析问题、解决方法、创新之处等：				加分	
总结与反思						总分	

八、拓展（基于本任务延伸的知识与能力）

续表

九、备注（需要注明的内容）

　　

　　

　　

　　

指导教师评语：

　　

任务完成人签字：　　　　　　　　　　　　　　　　日期：　　　年　　　月　　　日
指导教师签字：　　　　　　　　　　　　　　　　　日期：　　　年　　　月　　　日

项目小结

　　（1）温度标尺简称为温标，它是温度的数值表示方法。国际上规定的温标有摄氏温标、华氏温标和热力学温标等。

　　（2）热电偶是工业上最常用的一种利用热电效应制成的温度传感器，具有信号易于传输和变换、测温范围宽、测温上限高等优点。

　　（3）均质导体定律：由一种均质导体组成的闭合回路，不论导体的截面和长度如何，都不能产生热电势。

　　（4）中间导体定律（也称第三导体定律）：由不同材料组成的闭合回路中，若各种材料接触点的温度都相同，则在回路中热电势的总和等于零。

　　（5）利用导体或半导体材料的电阻值随温度变化的特性制成的传感器叫作热电阻传感器。

　　（6）铂热电阻主要用于高精度的温度测量和标准测温装置，性能非常稳定，测量精度高，其测温范围为-200~850 ℃。

　　（7）铜热电阻价格便宜、易于提纯、复制性较好，在-50~150 ℃测温范围内，线性较好，电阻温度系数比铂高。

　　（8）热电阻的测量电路一般使用电桥电路。由于工业用热电阻安装在生产现场，离控制室较远，因此热电阻的引线对测量结果有较大影响。

　　（9）热敏电阻主要用于点温度、小温差温度的测量，远距离、多点测量与控制，温度补偿和电路的自动调节等。

　　（10）热敏电阻的测量电路一般用桥式电路。

集成温度传感器将热敏晶体管与相应的辅助电路集成在同一芯片上，它能直接给出正比于绝对温度的理想线性输出，一般用于测量-50~150 ℃的温度，当热敏晶体管集电极电流恒定时，晶体管基极、发射极电压与温度呈线性关系。集成温度传感器采用了特殊的差分电路，具有线性度好、精度适中、灵敏度高、体积小、使用方便等优点，得到广泛应用。

集成温度传感器的输出形式分为电压输出和电流输出两种。电压输出型温度传感器的灵敏度一般为 10 mV/K，温度为 0 ℃时输出为 0 V，温度为 25 ℃时输出为 2.982 V。电流输出型集成温度传感器在一定温度下相当于一个恒流源，因此它不易受接触电阻、引线电阻、电压噪声的干扰，灵敏度一般为 1 mV/K。

随着传感器领域技术的进步，如今用来监测或控制系统的传感器元件，都要求精确性高、可靠性好和支持实际应用输入，这在产品开发周期中是最具挑战性的工作之一。因此，许多设计人员都毫不犹豫地选择购买现成产品，或是定制预集成传感器模块，由此可见，集成传感器将是未来一个必然的趋势。

很多传感器供应商把大部分设计、测试和制造传感元件的任务，委托给第三方供应商去做，可以最大限度地利用工程设计团队的有限资源，缩短产品上市时间。尽管如此，仍然有许多关键决策需要由设计人员把握，而且这些关键决定将会对产品性能、可靠性和成本产生重大影响。为设计出适合具体应用的最佳系统，首先来分析一下预集成的传感元件，特别是不同传感元件可提供的优势，然后还要熟悉一些必须考虑的主要问题。即使是经验丰富的传感器工程师，他们也不得不承认，针对医疗设备、过程控制或其他工厂自动化设备的实际应用条件，设计提供精确、可靠数据的传感元件，是产品开发周期中最耗时和最昂贵的工作之一。在很大程度上，这是因为传感器设计是跨学科合作的过程，需要设计团队考虑许多电气、机械和制造工艺问题。

一旦确定了最适合应用的传感元件，就必须决定如何把它与系统的其余部分集成到一起。这个过程包括将传感器与适合的信号调节电路、终端和接口连接器组合配对。接下来，需要决定是否有现成封装能够容纳装配件，或是基于应用空间和环境要求，采用定制封装。定制封装可能集成一个或多个传感器及其他元件，以创制更高级别的装配件，如用于血液分析机和呼吸机中带集成管路的压力传感器。当然，随着传感器设计的进步，其测试方案也必须与时俱进。设计必须确保最终装配件继承到主系统后，产品能够准确可靠的运行。集成传感器的趋势可见，传感器技术也将会不断地提升。

1. 什么是热电效应？简述热电偶测温的基本原理。
2. 标准电极定律与中间导体定律的内在联系如何？标准电极定律的实用价值如何？
3. 试述热电偶冷端温度补偿的几种主要方法和补偿原理。
4. 热电偶产生的热电势由哪两部分组成？
5. 热电偶回路中热电势的大小和哪些因素有关？

6. 接触电势的高低和哪些因素有关？

7. 温差电势的高低与哪些因素有关？

8. 根据金属的热电效应原理，组成热电偶的热电极的材料应具备什么条件？

9. 为什么用热电阻测温时经常采用三线制接法？应怎样连接才能保证实现三线制连接？

10. 热敏电阻有哪些类型？各有什么特点？

项目 5　光参数的检测

项目引入

　　公路上的危险地段通常设置有标志，但这种标志在夜间往往并不醒目；而电子路标能够在夜间汽车驾驶靠近时发出红绿二色闪光，且点亮交通标志灯箱，提醒司机谨慎驾驶。

　　光电传感器是把光信号（红外、可见及紫外光辐射）转变为电信号的器件。它可用于检测直接引起光量变化的非电量，如光强、光照度、辐射测温、气体成分分析等；也可用来检测能转换成光量变化的其他非电量，如零件直径、表面粗糙度、应变、位移、振动、速度、加速度，以及物体的形状、工作状态的识别等。光电传感器具有非接触、响应快、性能可靠等特点，因此在工业自动化装置和机器人中获得广泛应用。

项目分解

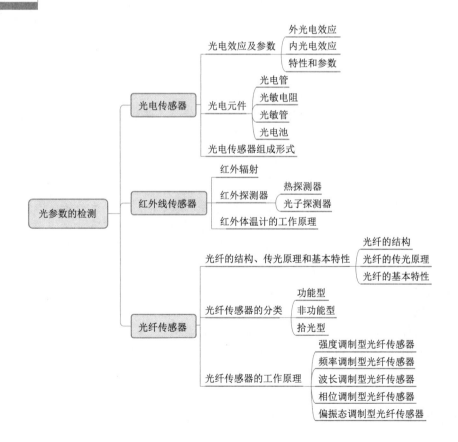

 **任务 1** **光电传感器**

任务引入

光电传感器将被测量的变化转换成光信号的变化，然后通过光电元件转换成电信号。光电传感器属于非接触测量，具有结构简单、高可靠性、高精度、反应快和使用方便等特点，加之新光源、新光电元件的不断出现，因而在检测和控制领域中获得广泛应用。

学习要点

光电检测方法具有精度高、反应快、非接触等优点，而且可测参数多，传感器结构简单，形式灵活多样，因此，光电传感器在检测和控制中应用非常广泛。

光电传感器是将被测量的变化转换为光量的变化，再通过光电元件把光量的变化转换成电信号的一种测量装置，它的转换原理是基于光电效应。

光电效应是指物体吸收光能后，将其转换为该物体中某些电子的能量而产生的电效应。简单地说，物质在光的照射下释放电子的现象称为光电效应。被释放的电子称为光电子。光电子在外电场中运动所形成的电流称为光电流。

能产生光电效应的光电材料主要有硫化镉（CdS）、锑化铟（InSb）、硒（Se）和半导体等。

5.1.1　光电效应及参数

光电传感器的工作原理是基于光电效应，光电效应又分为外光电效应、内光电效应两大类。

1. 外光电效应

一束光是由一束以光速运动的粒子流组成的，这些粒子称为光子。光子具有能量，每个光子具有的能量由下式确定：

$$E = hv = hc/\lambda \tag{5-1}$$

式中，h 为普朗克常数，$h = 6.626 \times 10^{-34}$ J·s；v 为光的频率（s^{-1}）。

因此，光的波长越短（即频率越高），其光子的能量也越大；反之，光的波长越长，其光子的能量就越小。

在光线作用下，物体内的电子逸出物体表面向外发射的现象称为外光电效应。向外发射的电子叫光电子。基于外光电效应的光电元件有光电管、光电倍增管、光电摄像管等。

光照射物体可以看成是一连串具有一定能量的光子轰击物体，物体中电子吸收的入射光子能量超过逸出功 A_0 时，电子就会逸出物体表面，产生光电子发射，超过部分的能量表现为逸出电子的动能。根据能量守恒定理，得

$$hv = \frac{1}{2}mv_0^2 + A_0 \tag{5-2}$$

式中，m 为电子质量；v_0 为电子逸出速度。

式（5-2）为爱因斯坦光电效应方程式，光子能量必须超过逸出功 A_0 才能产生光电子；入射光的频谱成分不变，产生的光电子与光强成正比；光电子逸出物体表面时，具有的初始动能为 $mv_0^2/2$，因此对于外光电效应元件，即使不加初始阳极电压，也会有光电流产生，为使光电流为零，必须加负的截止电压。

2. 内光电效应

在光线作用下，物体的导电性能发生变化或产生光生电动势的效应称为内光电效应。内光电效应又可分为以下两类。

1）光电导效应

在光线作用下，半导体材料吸收入射光子能量，若光子能量大于或等于半导体材料的禁带宽度，就激发出电子-空穴对，使载流子浓度增加，半导体的导电性增加，阻值减小，这种现象称为光电导效应。光敏电阻就是基于这种效应的光电元件。

2）光生伏特效应

在光线的作用下，物体产生一定方向的电动势的现象称为光生伏特效应。基于该效应的光电元件有光电池。

3. 特性和参数

1）光电特性

光电特性是指当阳极电压一定时，光电流 I_Φ 与光电阴极接收到的光通量 Φ 之间的关系。图5-1所示为某种光电倍增管的光电特性曲线。从光电特性曲线可以看出，当光通量超过 10^{-2} lm 后，曲线产生非线性，灵敏度下降。

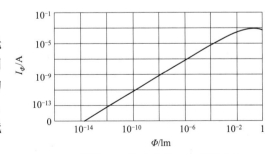

图 5-1 某种光电倍增管的光电特性曲线

2）光谱特性

由于不同材料的光电阴极对不同波长的入射光有不同的灵敏度，因此光电管对光谱也有选择性，如图 5-2 所示，曲线 I 、II 分别为银氧铯、锑化铯对应不同波长光线的灵敏度，曲线 III 为人的视觉光谱特性。

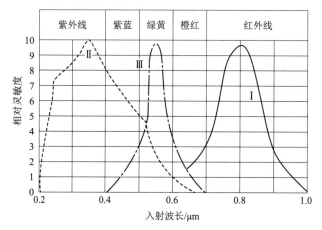

图 5-2　某种光电倍增管的光谱特性曲线

3）伏安特性

当入射光的频谱及光通量一定时，光电流与阳极电压之间的关系称为伏安特性。图 5-3 所示为某种紫外线光电管在不同光通量时的伏安特性曲线，从图中可以看出，当阳极电压 U_A 小于 U_{min} 时，光电流 I_Φ 随 U_A 的增大而增大；当 U_A 大于 U_Z 时，I_Φ 将急剧增加。只有当 U_A 在中间范围时，光电流 I_Φ 才比较稳定。因此，光电管的阳极电压应选择在 U_Q 附近。

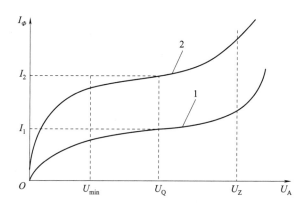

1—低照度时的曲线；2—紫外线增强时的曲线。

图 5-3　某种紫外线光电管在不同光通量时的伏安特性曲线

5.1.2　光电元件

1. 光电管

光电管基于外光电效应，由真空玻璃管、光电阴极 K 和光电阳极 A 组成。当一定频率的光照射到光电阴极上时，光电阴极吸收光子的能量，于是有电子逸出而形成光电子。

这些光电子被具有正电位的阳极所吸引，因而在光电管内便形成定向空间电子流，外电路就有了电流。如果在外电路中串入一个适当阻值的电阻，则电路中的电流便转换为电阻上的电压。这种电流或电压的变化与光成一定函数关系，从而实现光电转换。光电管如图 5-4 所示。

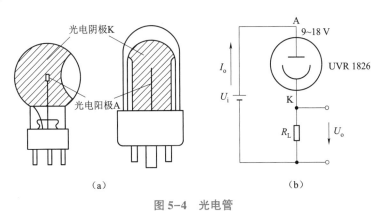

图 5-4 光电管

（a）光电管的结构；（b）光电管符号及测量电路

光电管的灵敏度较低，在微光测量中通常采用光电倍增管。光电倍增管的结构特点是在光电阴极和阳极之间增加了若干个光电倍增极 D，如图 5-5 所示，且外加电位逐级升高，因而逐级产生二次电子发射而获得倍增光电子，使最终到达阳极的光电子数目猛增。通常，光电倍增管的灵敏度比光电管要高几万倍，其在微光下就能产生很大的电流。

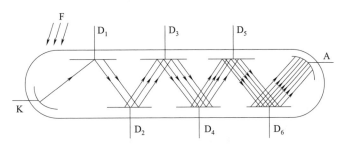

图 5-5 光电倍增管原理

2. 光敏电阻

1）光敏电阻的结构

光敏电阻又称为光导管，它几乎都是用半导体材料制成的光电元件。光敏电阻的结构很简单，金属封装的硫化镉光敏电阻如图 5-6 所示。在玻璃底板上均匀地涂一层薄薄的半导体物质，半导体的两端装有金属电极，金属电极与引出线端连接，光敏电阻就通过引出线端接入电路。为了防止周围介质的污染，在半导体光敏层上覆盖一层漆膜，漆膜的成分应使它在光敏层最敏感的波长范围内透射率最大。为了提高灵敏度，光敏电阻的电极一般采用梳状图案，如图 5-6（b）所示。

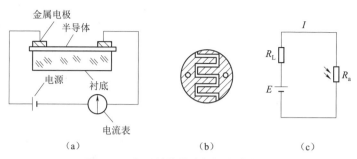

图 5-6　金属封装的硫化镉光敏电阻

（a）光敏电阻结构；（b）光敏电阻电极；（c）光敏电阻的接线

2）光敏电阻的工作原理

光敏电阻是一种对光敏感的元件，它的电阻值随着外界光照强弱（明暗）的变化而变化。光敏电阻没有极性，使用时既可加直流电压，也可以加交流电压。无光照时，光敏电阻的阻值（暗电阻）很大，电路中电流（暗电流）很小。当光敏电阻受到一定波长范围的光照时，它的阻值（亮电阻）急剧减小，电路中电流（亮电流）迅速增大。一般希望暗电阻越大越好，亮电阻越小越好，此时光敏电阻的灵敏度高。实际光敏电阻的暗电阻一般在兆欧量级，亮电阻在几千欧以下。

3）光敏电阻的主要参数

光敏电阻的主要参数有暗电流、亮电流、光电流等。

暗电阻和暗电流：光敏电阻在不受光照射时的阻值称为暗电阻，此时流过的电流称为暗电流。

亮电阻和亮电流：光敏电阻在受光照射时的阻值称为亮电阻，此时流过的电流称为亮电流。

光电流：亮电流与暗电流之差称为光电流。

光敏电阻具有光谱特性好、允许的光电流大、灵敏度高、使用寿命长、体积小等优点，应用广泛。此外，许多光敏电阻对红外线敏感，适宜在红外线光谱区工作。光敏电阻的缺点是型号相同的光敏电阻参数参差不齐，并且由于光照特性的非线性，其不适用于测量要求线性的场合，常作为开关式光电信号的传感元件。

3. 光敏管

光敏管是基于内光电效应原理工作的，按照结构不同分为光敏二极管、光敏晶体管等类型。

1）光敏二极管

光敏二极管的结构与一般二极管相似，它装在透明玻璃外壳中，其 PN 结装在管的顶部，可以直接接收光照，如图 5-7 所示。光敏二极管在电路中一般处于反向工作状态，如图 5-8 所示，没有光照射时，反向电阻很大，反向电流很小，这种反向电流称为暗电流。当光照射在 PN 结上时，光子打在 PN 结附近，在 PN 结附近产生光生电子和光生空穴对，它们在 PN 结内电场的作用下做定向运动，形成光电流。光的照度越大，光电流越大。因此，光敏二极管在不受光照射时处于截止状态，受光照射时处于导通状态。

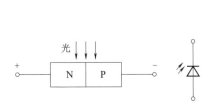

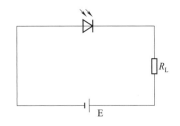

图 5-7　光敏二极管结构和图形符号　　图 5-8　光敏二极管的接线

2）光敏晶体管

光敏晶体管与一般晶体管很相似，具有两个 PN 结，结构如图 5-9（a）所示，只是它的发射极做得很大，以扩大光的照射面积。光敏晶体管的接线如图 5-9（b）所示，大多数光敏晶体管的基极无引出线，当集电极加上相对于发射极为正的电压而不接基极时，集电结相当于反向偏压，当光照射在集电结时，就会在结附近产生电子-空穴对，电子被拉到集电极，基区留下空穴，使基极与发射极间的电压升高，这样便会有大量的电子流向集电极，形成输出电流，且集电极电流为光电流的 β 倍，所以光敏晶体管有放大作用。

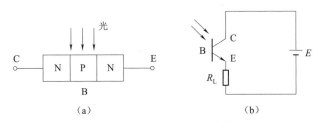

（a）　　　　　　　　　　　（b）

图 5-9　NPN 型光敏晶体管

（a）光敏晶体管的结构；（b）光敏晶体管的接线

光敏晶体管的光电灵敏度虽然比光敏二极管高得多，但在需要高增益或大电流输出的场合，常采用达林顿光敏晶体管，如图 5-10 所示。达林顿光敏晶体管是一个光敏晶体管和一个普通晶体管以共集电极连接方式构成的集成器件。由于增加了一级电流放大，所以输出电流能力大大加强，甚至可以不必经过进一步放大，便可直接驱动继电器。但由于无光照时的暗电流也增大，因此适用于开关状态或位式信号的光电变换。

3）光敏晶闸管

光敏晶闸管结构同普通晶闸管一样，有 3 个引出电极：阳极 A、阴极 K 和门极 G，有 3 个 PN 结，即 J_1、J_2、J_3，如图 5-11 所示。

在电路中，J_1、J_3 正偏，J_2 反偏，反偏的 PN 结在透明管壳的顶部，相当于受光照控制的光敏二极管。光照射在 J_2 产生的光电流相当于普通的晶闸管的门极电流，当光电流大于某一阈值时，光敏晶闸管触发导通。

图 5-10　达林顿
光敏晶体管

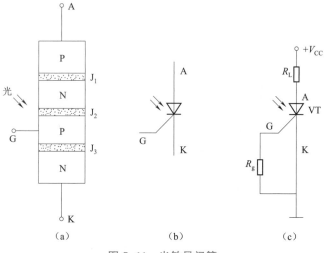

图 5-11　光敏晶闸管

（a）结构；（b）图形符号；（c）接线

4. 光电池

光电池的工作原理基于光生伏特效应，其中应用最广泛的是硅光电池，硅光电池性能稳定、光谱范围宽、频率特性好、传递（转换）效率高且价格便宜。

硅光电池是在 N 型硅片上渗入 P 型层而形成的一个大面积的 PN 结，P 型层做得很薄，使光线能穿透到 PN 结上，如图 5-12 所示。

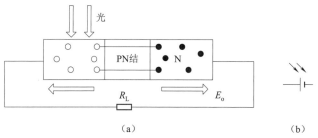

图 5-12　光电池原理及图形符号

（a）原理；（b）图形符号

当光照射在 PN 结上时，只要光子有足够的能量，其就在 PN 结附近激发产生电子-空穴对（光生载流子），它们在结电场的作用下，电子被推向 N 区，而空穴被拉向 P 区。这种推拉作用的结果，使 N 区积累了多余电子而形成光电池的负极，P 区因积累了空穴而形成光电池的正极，因而两电极之间便有了电位差，这就是光生伏特效应。

5.1.3　光电传感器组成形式

光电传感器由光源、光学器件和光电元件组成光路系统，结合相应的测量电路而构成。常见的光电传感器有图 5-13 所示的 4 种组成形式。

（1）吸收式：光源发射的光穿过被测物，一部分光由被测物吸收，剩余的光照射到光电元件上，被吸收的光通量与被测物透明度有关，如图 5-13（a）所示，其典型应用如透明度计、浊度计等。

（2）反射式：光源发射的光照射到被测物上，被测物将部分光反射到光电元件上，反射的光通量与反射表面的性质、状态和光源间的距离有关，如图 5-13（b）所示，其典型应用如检测位移、振动、工件的表面粗糙度等。

（3）遮光式：光源发射的光由被测物遮去一部分，使作用在光电元件上的光减弱，减弱程度与被测物在光学通路中的位置有关，如图 5-13（c）所示，其典型应用如非接触式测位置、工件尺寸测量等。

（4）辐射式：光源本身是被测物，被测物发出的光投射到光电元件上，光电元件的输出反映了光源的某些参数，如图 5-13（d）所示，其典型应用如非接触式高温测量、光照度计等。

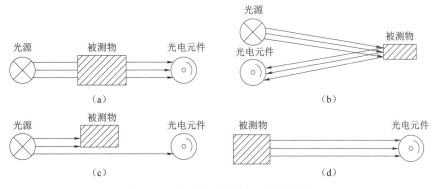

图 5-13 光电传感器的 4 种组成形式
（a）吸收式；（b）反射式；（c）遮光式；（d）辐射式

任务 2 红外传感器

任务引入

体温生理参数是人体最重要、最基本的生命指标，对于日常护理和病情检测都非常重要，对危重病人进行生命指标参数的监测是医务工作者及时了解病情状况的重要手段之一。现有体温计大概分为 3 种类型：一种是常见的玻璃水银体温计；一种是电子体温计；另一种是红外体温计，如图 5-14 所示。

红外体温计是通过红外传感器将收集到的被测人员的红外线转换成电信号，电信号被放大后再经 A/D 转换器转换为数字信号，并将数字信号送入单片机，单片机将接收到的信号送显示电路显示。红外传感器只是吸收人体辐射的红外线而不向人体发射任何射线，采用的是被动式且非接触式的测量方式，因此红外体温计不会对人体产生辐射伤害。与前两种测温方法相比，红外体温计有响应速度快、使用安全及使用寿命长等优点。近 20 年来，红外体温计在技术上得到迅速发展，性能不断完善，功能不断增强，品种不断增多，适用范围也不断扩大。

图5-14　红外体温计

学习要点

凡是存在于自然界的物体，如人体、火焰、冰块等都会发射红外线，只是它们发射红外线的波长不同而已。红外技术是最近几十年发展起来的一门新兴技术，已在科技、国防和工农业生产等领域获得了广泛的应用。

5.2.1　红外辐射

红外辐射俗称红外线，它是一种不可见光，由于是位于可见光中红色光以外的光线，故称为红外线。它的波长范围大致为 $0.76 \sim 1\,000\ \mu m$，在电磁波谱中的位置如图 5-15 所示。工程上又把红外线所占据的波段分为 4 个部分，即近红外、中红外、远红外和极远红外。

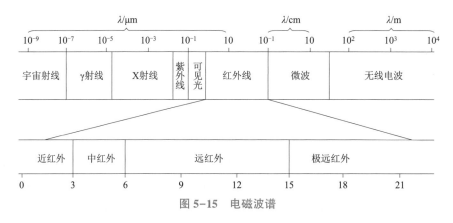

图5-15　电磁波谱

红外辐射的物理本质是热辐射。一个炽热物体向外辐射的能量大部分是通过红外线辐射的。物体的温度越高，辐射的红外线越多，辐射的能量就越强，而且红外线被物体吸收时，可以显著地转变为热能。

红外辐射和所有电磁波一样，是以波的形式在空间中进行直线传播的。它在大气中传播时，大气层对不同波长的红外线存在不同的吸收带，红外线气体分析器就是利用该特性工作的。空气中对称的双原子气体，如 N_2、O_2、H_2 等不吸收红外线。红外线在通过大气层时，有 3 个波段的透过率高，分别是 $2 \sim 2.6\ \mu m$、$3 \sim 5\ \mu m$ 和 $8 \sim 14\ \mu m$ 波段，统称为大气窗口。这3个波段对红外探测技术特别重要，因为红外探测器一般工作在这3个波段（大气窗口）之内。

5.2.2 红外探测器

红外传感器一般由光学系统、红外探测器、信号调理电路及显示系统等组成，红外探测器是红外传感器的核心。红外探测器种类很多，常见的有两大类：热探测器和光子探测器。

1. 热探测器

热探测器的敏感元件吸收辐射能后引起温度升高，进而使有关物理参数发生相应变化，通过测量物理参数的变化，便可确定探测器吸收的红外辐射。与光子探测器相比，热探测器的探测率峰值低，响应时间长。热探测器主要优点是响应波段宽，响应范围可扩展到整个红外区域，可以在室温下工作，使用方便，应用仍相当广泛。

热探测器主要类型有热释电型、热敏电阻型、热电偶型和气体型。其中，热释电型探测率最高，频率响应最宽，所以备受重视，发展很快，在这里将做主要介绍。

1）热释电红外探测器的工作原理

热释电红外探测器由具有极化现象的热晶体或被称为铁电体的材料制成。铁电体的极化强度（单位面积上的电荷）与温度有关。当红外辐射照射到已经极化的铁电体薄片表面时，薄片温度升高，使其极化强度降低，表面电荷减少，这相当于释放一部分电荷，所以称为热释电红外探测器。如果将负载电阻与铁电体薄片相连，则负载电阻上便产生一个电信号。输出信号的强弱取决于薄片温度变化的快慢，从而反映出入射的红外辐射的强弱，热释电红外探测器的电压响应率正比于入射光辐射率变化的速率。

2）热释电红外探测器的结构

热释电红外探测器的结构如图5-16所示。敏感元件通常采用热晶体（或被称为铁电体），其上、下表面做成电极，表面上加一层黑色氧化膜，用于提高转换效率。由于它的输出阻抗极高，而且输出信号极其微弱，故在其内部装有结型场效应管（Field Effect Transistor，FET）及基极厚膜电阻 R，如图5-17所示，以进行信号放大及阻抗变换。

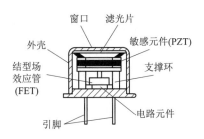

图5-16 热释电红外探测器的结构

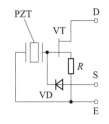

图5-17 热释电红外探测器的内部电路

热释电红外探测器按其内部安装敏感元件数量的多少可分为单元件、双元件、四元件及特殊形式等几种。最常见的是双元件型，所谓双元件是指在一个传感器中有两个反相串联的敏感元件，具有以下优点：

（1）当入射能量顺序地射到两个元件上时，其输出要比单元件高1倍；

（2）由于两个敏感元件逆向串联使用，对于同时输入的能量会相互抵消，由此可防止

太阳的红外线引起的误动作;

(3) 常用的热晶体元件具有压电效应,故双元件结构能消除因振动而引起的检测误差;

(4) 可以防止因环境温度变化而引起的检测误差。

由于人体放射的远红外线能量十分微弱,故直接由热释电红外探测器接收的灵敏度很低,控制距离一般只有 $1 \sim 2$ m,远远不能满足要求,必须配以良好的光学透镜才能实现较高的接收灵敏度。通常多配用菲涅尔透镜,用其将微弱的红外线能量进行"聚焦",可以将探测距离提高到 10 m 以上。

2. 光子探测器

光子探测器利用入射红外辐射的光子流与探测器材料中电子的相互作用来改变电子的能量状态,引起各种电学现象,这种现象称光子效应。通过测量材料电子性质的变化,可以知道红外辐射的强弱。利用光子效应制成的红外探测器,统称光子探测器。光子探测器有内光电探测器和外光电探测器两种,后者又分为光电导、光生伏特和光磁电探测器 3 种。光子探测器的主要特点是灵敏度高、响应速度快,具有较高的响应频率,但探测波段较窄,一般要在低温下工作。

5.2.3 红外体温计的工作原理

红外体温计的工作原理是基于黑体辐射定律。在任何温度下都能全部吸收投射到其表面的任何波长的辐射能量的物体称为黑体。黑体的单色辐射出射度是描述在某一波长辐射源单位面积上发出的辐射通量。

黑体是一种理想化的辐射体,它吸收所有波长的辐射能量,没有能量的反射和透过,其表面的发射率为 1。应该指出,自然界中并不存在真正的黑体,但是为了弄清和获得红外辐射分布规律,在理论研究中必须选择合适的模型,这就是普朗克提出的体腔辐射的量子化振子模型,从而导出了普朗克黑体辐射定律,即以波长表示的黑体光谱辐射度,这是一切红外辐射理论的出发点,故称黑体辐射定律。

自然界中存在的实际物体,几乎都不是黑体。所有实际物体的辐射量除依赖于辐射波长及物体的温度之外,还与构成物体的材料种类、制备方法、热过程、表面状态和环境条件等因素有关。因此,为使黑体辐射定律适用于所有实际物体,必须引入一个与材料性质及表面状态有关的比例系数,即发射率。该系数表示实际物体的热辐射与黑体辐射的接近程度,其值在 $0 \sim 1$。根据辐射定律,只要知道了材料的发射率,就知道了任何物体的红外辐射特性。影响发射率的主要因素:材料种类、表面粗糙度、理化结构和材料厚度等。

当用红外辐射测温仪测量目标的温度时,首先要测量出目标在其波段范围内的红外辐射量,然后由红外辐射测温仪计算出被测目标的温度,其公式可表达为

$$E = \delta \varepsilon (T^4 - T_0^4) \tag{5-3}$$

式中, E 为辐射出射度 (W/m^3); δ 为斯蒂芬-波尔兹曼常数, $\delta = 5.67 \times 10^{-8}$ W/(m$^2 \cdot$ K^4); ε 为物体的辐射率; T 为物体的温度 (K); T_0 为物体周围的环境温度 (K)。

人体的温度为 $36 \sim 37$ ℃,所放射的红外线波长为 10 μm (远红外线区),通过对人体自身辐射红外能量的测量,便能准确地测定人体表面温度。由于该波长范围内的光线不被空气所吸收,因而可利用人体辐射的红外能量精确地测量人体表面温度。红外温度测量技术的最大优点是测试速度快,1 s 以内可测试完毕。由于它只接收人体对外发射的红外辐射,没有任何其他物理和化学因素作用于人体,所以对人体无任何伤害。

任务 3　光纤传感器

任务引入

直流电动机的速度检测方法有很多，如测速发电机、光电编码器、光电对管、光纤传感器等，本任务要求利用光纤传感器对直流电动机的转速进行非接触式测量，这种方法简单、成本低、测量精度高。

学习要点

光纤传感器（Fiber Optical Sensor，FOS）是 20 世纪 70 年代中期发展起来的一种新技术，它是伴随着光纤及光通信技术的发展而逐步形成的。

光纤传感器用光作为敏感信息的载体，用光纤作为传递敏感信息的介质。光纤传感器和传统的各类传感器相比，具有不受电磁干扰、体积小、质量轻、可挠曲、灵敏度高、耐腐蚀、高绝缘强度、防爆性好、集传感与传输于一体、能与数字通信系统兼容等优点。因此，光纤传感器能用于温度、压力、应变、位移、速度、加速度、磁、电、声和 pH 值等多种物理量的测量，在自动控制、在线检测、故障诊断、安全报警等方面具有极为广阔的应用潜力和发展前景。

5.3.1　光纤的结构、传光原理和基本特性

1. 光纤的结构

光导纤维简称光纤，是一种特殊结构的光学纤维，结构如图 5-18 所示。中心的圆柱体叫作纤芯，围绕着纤芯的圆形外层叫作包层。纤芯和包层通常由不同掺杂的石英玻璃制成。

纤芯和包层之间存在折射率的差异，纤芯的折射率略大于包层的折射率，在包层外面还常有一层保护套，多为尼龙材料，以增加机械强度。光纤的导光能力取决于纤芯和包层的性质，而光纤的机械强度由保护套维持。

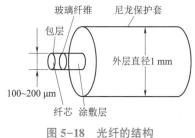

图 5-18　光纤的结构

2. 光纤的传光原理

众所周知，光在同一介质中是沿直线传播的。在光纤中，光的传输限制在光纤中，并随着光纤能传送很远的距离，光纤的传输是基于光的全内反射。设有一段圆柱形光纤，如图 5-19 所示，它的两个端面均为光滑的平面，当光线射入一个端面并与圆柱的轴线成 θ_i 角时，在端面发生折射进入光纤后，又以 φ_i 角入射至纤芯与包层的界面，光线有一部分透射到包层，一部分反射回纤芯。但当入射角 θ_i 小于临界入射角 θ_c 时，光线就不会透射界面，而全部被反射，光在纤芯和包层的界面上反复逐次全反射，呈锯齿波形状在纤芯内向前传播，最后从光纤的另一端面射出，这就是光纤的传光原理。

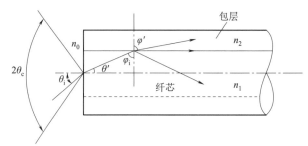

图 5-19　光纤的传光原理

根据斯涅耳（Snell）光的折射定律，可得

$$\frac{n_0}{n_1}=\frac{n_1}{n_2}=\frac{\sin\theta'}{\sin\theta_i} \qquad (5-4)$$

式中，n_0 为光纤外界介质的折射率。

若要在纤芯和包层的界面发生全反射，则界面的光线临界折射角 $\theta_c=90°$，光入射到光纤端面的入射角 θ_i 应满足：

$$\theta_i\leqslant\theta_c=\arcsin\left(\frac{1}{n_0}\sqrt{n_1^2-n_2^2}\right) \qquad (5-5)$$

一般光纤所处环境为空气，则 $n_0=1$，这样式（5-4）可表示为

$$\theta_i\leqslant\theta_c=\arcsin\sqrt{n_1^2-n_2^2} \qquad (5-6)$$

实际工作时，光纤虽然弯曲，但只要满足全反射条件，光线仍可继续前进。可见，光线"转弯"实际上是由光的全反射所形成的。

3. 光纤的基本特性

1）数值孔径（NA）

数值孔径是表征光纤集光能力的一个重要参数，即反映光纤接收光量的多少，其定义为

$$NA=\sin\theta_c=\frac{1}{n_0}\sqrt{n_1^2-n_2^2} \qquad (5-7)$$

由式（5-6）可见，无论光源发射功率有多大，只有入射角 θ_i 处于 $2\theta_c$ 的光锥角内，光纤才能导光。如果入射角过大，光线便从包层逸出而产生漏光。光纤的 NA 越大，表明它的集光能力越强。一般希望有大的数值孔径，这有利于提高耦合效率。但 NA 过大，会造成光信号畸变。因此，要适当选择 NA 的大小，如石英光纤的 NA 一般为 0.2~0.4。

2）光纤模式

光纤模式是指光波传播的途径和方式。对于不同入射角的光线，在界面反射的次数是不同的，传递光波之间的干涉所产生的横向强度分布也是不同的，这就是传播模式不同。在光纤中，很多模式传播不利于光信号的传播，因为同一种光信号采取很多模式传播，将使一部分光信号分为多个不同时间到达接收端的小信号，从而导致合成信号的畸变，因此希望光纤模式数量要少。

一般地，纤芯直径为 2~12 μm、只能传输一种模式的光纤称为单模光纤。这类光纤传输性能好、信号畸变小、信息容量大、线性度好、灵敏度高，但由于纤芯尺寸小，制造、连接和耦合都比较困难。

纤芯直径较大（50~100 μm）、传输模式较多的光纤称为多模光纤。这类光纤性能较

差，输出波形有较大的差异，但由于纤芯截面积大，故容易制造，连接和耦合比较方便。

3）光纤传输损耗

光纤传输损耗主要是由材料吸收损耗、散射损耗和光波导弯曲损耗等引起的。目前常用的光纤材料有石英玻璃、多成分玻璃、复合材料等。这些材料由于存在杂质离子、原子的缺陷等而会吸收光，从而造成材料的吸收损耗。

散射损耗主要是由材料密度及浓度不均匀引起的，这种损耗与波长的四次方成反比，因此随着波长的缩短而迅速增大。因此，可见光波段并不是光纤传输的最佳波段，在近红外波段（1~1.6 μm）有最小的传输损耗，该波长光纤已成为目前发展的方向。光纤拉制时粗细不均匀，造成纤维尺寸沿轴线变化，同样会引起光的散射损耗。另外，纤芯和包层界面的不光滑、污染等，也会造成严重的散射损耗。

光波导弯曲损耗是使用过程中可能产生的一种损耗。光波导弯曲会引起传输模式的转换，激发高阶模式进入包层产生损耗。当弯曲半径大于 10 cm 时，损耗可忽略不计。

5.3.2 光纤传感器的分类

根据光纤在传感器中的作用，光纤传感器分为功能型、非功能型和拾光型 3 类。

1. 功能型（传感型）光纤传感器

功能型光纤传感器利用的是光纤本身对外界被测对象具有的敏感能力和检测功能。光纤不仅起传光作用，而且在被测对象作用下（如光强、相位、偏振态等光学特性）得到调制，调制后的信号携带被测信息，如图 5-20 所示。

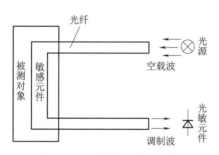

图 5-20　功能型光纤传感器

2. 非功能型（传光型）光纤传感器

非功能型光纤传感器中光纤只作为传输介质，用其他敏感元件感受被测物理量的变化，因此，也称为传光型光纤传感器或混合型光纤传感器。被测对象的调制功能是由其他光电转换元件实现的，光纤的状态是不连续的，光纤只起传光作用，如图 5-21 所示。

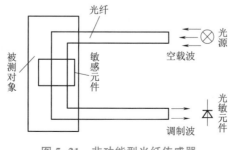

图 5-21　非功能型光纤传感器

3. 拾光型光纤传感器

拾光型光纤传感器用光纤作为探头，接收由被测对象辐射的光或被其反射、散射的光，如图5-22所示。其典型应用有光纤激光多普勒速度计、辐射式光纤温度传感器等。

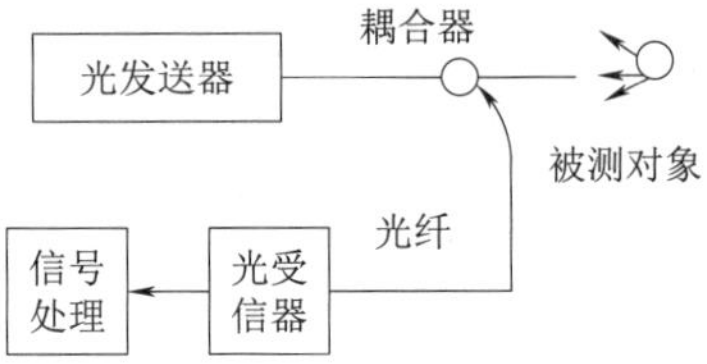

图5-22　拾光型光纤传感器

5.3.3　光纤传感器的工作原理

光纤传感器与传统传感器相比较，在测量原理上有本质的差别。传统传感器以机-电测量为基础，而光纤传感器则以光学测量为基础。

光是一种电磁波，其波长从极远红外的1 mm到极远紫外线的10 nm，它的物理作用和生物化学作用主要由其中的电场而引起。因此，研究光的敏感测量必须分析光的电矢量 E 的振动，即

$$E = A\sin(\omega t + \varphi) \tag{5-8}$$

式中，A 为电场 E 的振幅矢量；ω 为光波的振动频率；φ 为光相位；t 为光的传播时间。

可见，测量时只要使光的强度、偏振态（矢量 A 的方向）、频率和相位等参数之一随被测量状态的变化而变化，或受被测量调制，就可获得所需要的被测量信息，这就是光纤传感器的基本工作原理。

1. 强度调制型光纤传感器

强度调制型光纤传感器是利用被测对象的变化引起敏感元件的折射率、吸收或反射等参数的变化而导致光强度变化，从而实现敏感测量。可以利用光纤的微弯损耗，各物质的吸收特性，振动膜或液晶的反射光强度的变化，物质因各种粒子射线或化学、机械的激励而发光的现象，以及物质的荧光辐射或光路的遮断等来构成压力、振动、温度、位移、气体等各种强度调制型光纤传感器。

强度调制型光纤传感器的一般形式如图5-23所示。其工作原理：光源发射的光经入射光纤传输到传感头，光在被测信号的作用下强度发生变化，即受到外场的调制，再经传感头把光反射到出射光纤，通过出射光纤传输到光电接收器。

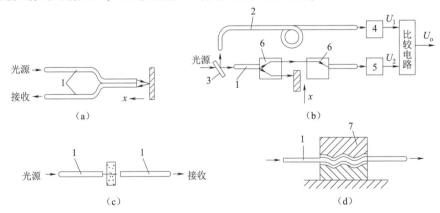

1，2—光纤；3—反射镜；4，5—传感头；6—透镜；7—微弯介质。

图5-23　强度调制型光纤传感器的一般形式

（a）反射式传感器；（b）遮光式传感器；（c）吸射式传感器；（d）微弯式传感器

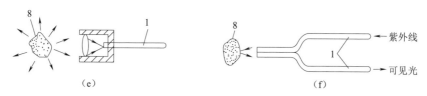

1—光纤；8—辐射源。

图5-23　强度调制型光纤传感器的一般形式（续）

（e）接收光辐射式传感器；（f）荧光激励式传感器

2. 频率调制型光纤传感器

频率调制型光纤传感器利用外界因素改变光纤中光的频率，并通过测量光频率的变化来测量外界被测参数。光的频率调制是由多普勒效应引起的。光的频率与光接收器和光源之间的运动状态有关，当它们之间相对静止时，接收到的光频率为光的振荡频率；当它们之间有相对运动时，接收到的光频率与其振荡频率发生了频移，这种现象就是多普勒效应。频移的大小与相对运动的速度大小和方向都有关，测量这个频移就能测量到物体的运动速度。光纤传感器测量物体的运动速度就是基于光纤中的光入射到运动物体上，而运动物体反射或散射的光发生的频移与物体的运动速度有关。

$$f_{移后} = \frac{f_0}{1-v/c} \approx f_0(1+v/c) \tag{5-9}$$

式中，f_0 为单色光频率；c 为光速；v 为物体的运动速度。

将此光与参考光共同作用在光探测器上，产生差拍，经频谱分析器处理求出频率的变化，即可推知速度。

3. 波长调制型光纤传感器

波长调制型光纤传感器利用外界因素改变光纤中光能量的波长分布，或者说光谱分布，并通过检测光谱分布来测量被测参数。由于波长与颜色直接相关，所以波长调制也叫颜色调制，其原理如图5-24所示。

图5-24　波长调制原理

光源发出的光能量分布为 $P_i(\lambda)$，由入射光纤耦合到传感头 S 中，在传感头 S 内，被测信号 $S_o(t)$ 与光相互作用，使光谱分布发生变化，输出光纤的能量分布为 $P_o(\lambda)$，由光谱分析仪检测出 $P_o(\lambda)$，即可得到 $S_o(t)$。在波长调制型光纤传感器中，有时并不需要光源，而是利用黑体辐射、荧光等的光谱分布与某些外界参数有关的特性来测量外界参数，其调制方法有黑体辐射调制、荧光波长调制、滤光器波长调制和热色物质波长调制。

4. 相位调制型光纤传感器

相位调制型光纤传感器利用被测对象对敏感元件的作用，使敏感元件的折射率或传播常数发生变化，导致光的相位变化，使两束单色光产生的干涉条纹发生变化，并通过检测干涉条纹的变化量来确定光的相位变化量，从而得到被测对象的信息。通常有利用光弹效应的声、压力或振动传感器，利用磁致伸缩效应的电流、磁场传感器，利用电致伸缩的电场、电压传感器，以及利用光纤赛格纳克（Sagnac）效应的旋转角速度传感器（光纤陀螺）等。这类传感器的灵敏度很高，但由于要用特殊光纤及高精度检测系统，因此成本很高。

5. 偏振态调制型光纤传感器

偏振态调制型光纤传感器是利用光偏振态变化来传递被测对象信息的传感器。通常有利用光在磁场介质内传播的法拉第效应制成的电流、磁场传感器，利用光在电场中的压电晶体内传播的泡尔效应制成的电场、电压传感器，利用物质的光弹效应制成的压力、振动或声传感器，以及利用光纤的双折射性制成的温度、压力、振动等传感器。这类传感器可以避免光源强度变化的影响，因此灵敏度高。

项目实施

请完成表 5-1 所示的项目工单。

表 5-1　项目工单

任务名称	光电二极管的检测	组别	组员：

一、任务描述

使用万用表对光电二极管进行质量判别与管脚识别。

二、技术规范（任务要求）

使用万用表进行测量共有 3 种方法：

（1）电阻测量法；

（2）电压测量法；

（3）电流测量法。

按要求使用 3 种方法分别完成测量并结合测量过程说明测量结果。

三、计划（制订小组工作计划）

工作流程	完成任务的资料、工具或方法	人员安排	时间分配	备注

四、决策（确定工作方案）

（1）小组讨论、分析、阐述任务完成的方法、策略，确定工作方案。

（2）教师指导、确定最终方案。

五、实施（完成工作任务）

工作步骤	主要工作内容	完成情况	问题记录

六、检查（问题信息反馈）

反馈信息描述	产生问题的原因	解决问题的方法

续表

七、评估（基于任务完成的评价）

（1）小组讨论，自我评述任务完成情况、出现的问题及解决方法，小组共同给出改进方案和建议。

（2）小组准备汇报材料，每组选派一人进行汇报。

（3）教师对各组完成情况进行评价。

（4）整理相关资料，完成评价表。

任务名称				姓名	组别	班级	学号	日期
考核内容及评分标准				分值	自评	组评	师评	均分
三维目标	素质	自主学习、合作学习、团结互助等		25				
	认知	任务所需知识的掌握与应用等		40				
	能力	任务所需能力的掌握与数量等		35				
加分项	收获（10分）	你有哪些收获（借鉴、教训、改进等）：	你进步了吗？			加分		
			你帮助他人进步了吗？					
	问题（10分）	发现问题、分析问题、解决方法、创新之处等：				加分		
总结与反思						总分		

八、拓展（基于本任务延伸的知识与能力）

九、备注（需要注明的内容）

指导教师评语：

任务完成人签字：　　　　　　　　　　　　　　　　日期：　　年　　月　　日

指导教师签字：　　　　　　　　　　　　　　　　　日期：　　年　　月　　日

项目5 光参数的检测

项目小结

（1）光电传感器是将被测量的变化转换为光量的变化，再通过光电元件把光量的变化转换成电信号的一种测量装置，它的转换原理是基于光电效应。

（2）光电效应是指物体吸收光能后，转换为该物体中某些电子的能量而产生的电效应。

（3）光电传感器的工作原理是基于光电效应，光电效应又分为外光电效应、内光电效应两大类。

（4）一束光是由一束以光速运动的粒子流组成的，这些粒子称为光子。

（5）在光线作用下，物体内的电子逸出物体表面向外发射的现象称为外光电效应。

（6）在光线作用下，物体的导电性能发生变化或产生光生电动势的效应称为内光电效应。

（7）光敏电阻又称为光导管，它几乎都是用半导体材料制成的光电元件。

（8）光敏电阻是一种对光敏感的元件，它的电阻值随着外界光照强弱（明暗）的变化而变化。

（9）光敏管是基于内光电效应原理工作的，按照结构不同分为光敏二极管、光敏晶体管等类型。

（10）光电传感器由光源、光学器件和光电元件组成光路系统，结合相应的测量转换电路而构成。

（11）红外传感器一般由光学系统、红外探测器、信号调理电路及显示系统等组成，红外探测器是红外传感器的核心。红外探测器种类很多，常见的有两大类：热探测器和光子探测器。

（12）热探测器主要类型有热释电型、热敏电阻型、热电偶型和气体型。

（13）热释电红外探测器由具有极化现象的热晶体或被称为铁电体的材料制成。

（14）光纤传感器用光作为敏感信息的载体，用光纤作为传递敏感信息的介质。

知识拓展

光电传感器的市场领域

光电传感器的主要应用领域：车载娱乐/导航/DVD 系统背光控制，以便在所有的环境光条件下都可以显示理想的背光亮度；后座娱乐用显示器背光控制；仪表组背光控制（速度计/转速计）；自动后视镜亮度控制（通常要求两个传感器，一个是前向的，一个是后向的）；自动前大灯和雨水感应控制（专用，根据需求进行变化）；后视相机控制（专用，根据需求进行变化）。在提供更舒适的显示质量方面，光电传感器已经成为最有效的解决方案之一，它具有与人眼相似的特性，这对于汽车应用至关重要，因为这些应用要求在所有环境光条件下都能达到完全的背光效果。例如，在白天，用户需要最大的亮度来实现最佳的可见度，但是这种亮度对于夜间条件而言则是过亮的，因此带有良好光谱响应（良好的 IR 衰减）的光传感器、适当的动态范围和整体的良好输出信号调节可以很容易地自动完成这些应用。终端用户可以设置几个阈值水平（如低、中、亮光），或能够随意动态地改变传感器的背光亮度。这也适用于汽车后视镜亮度控制，当镜子变暗和/或变亮时需要智能的亮度管理，可以通过环境光传感器来完成。

对于便携式应用，如果用户不改变系统设置（通常是亮度控制），那么一个显示器总是消耗同样多的能量。在室外等特别亮的区域，用户倾向于提高显示器的亮度，从而会增加系统的功耗。当条件变化时，如进入建筑物，大多数用户都不会去改变设置，因此系统功耗仍然保持很高。但是，通过使用一个光传感器，系统能够自动检测条件变化并调节设置，以保证显示器处于最佳的亮度，进而降低总功耗。在一般的消费类应用中，这也能够延长电池寿命。对于移动电话、笔记本计算机、PAD 和数码相机，通过采用环境光传感器反馈，可以自动进行亮度控制，从而延长电池寿命。

以上并不是一个新的构想，在数十年前就已经利用光电二极管和光敏电阻来实现这一构想。所谓新构想，是指对环境光感应的同时，还能消减无用的红外线光和紫外线光，而且在支持汽车规格 AECQ-1000 严格要求的同时，还可以实现小封装，尤其是能够保证在 $-40 \sim 105 \ ℃$（2 级）温度范围内的操作，以满足其余的规格要求。

半导体相似传感器和封装开发的最新进展使终端用户在光传感器上有了更广泛的选择。小封装、低功耗、高集成和简单易用性是设计者更多地采用光传感器的原因，其应用范围涉及消费类电子、工业应用及汽车领域。

光电传感器前景预测

光电传感器市场在近年来呈现较快的增长趋势。一方面，随着工业自动化和智能化水平的提高，光电传感器在许多领域的应用得到了不断拓展。例如，在机器人、无人驾驶、自动化生产线等应用场景中，光电传感器发挥着至关重要的作用，为自动化设备的精准度和可靠性提供了重要保障。另一方面，随着人们安全意识的提高以及安防需求的增长，光电传感器在安防领域的应用也得到了不断拓展。例如，在监控系统、人脸识别、防盗报警等安防产品中，光电传感器都扮演着重要的角色。此外，在物联网、智能家居等新兴领域，光电传感器也具有广泛的应用前景。例如，智能家居中的智能照明、智能安防等系统都需要依靠光电传感器来实现自动化控制和智能化管理。据市场研究机构的数据显示，全球光电传感器市场规模已经从 2015 年的 12.9 亿美元增长到 2019 年的 19.4 亿美元，预计到 2024 年将达到 27.3 亿美元，年复合增长率约为 7.9%。中国作为全球最大的制造业国家，光电传感器市场的增长速度更是迅速。据中国传感器产业联盟的数据显示，2019 年中国传感器市场规模达到 1 172 亿元，其中光电传感器市场规模约为 500 亿元，预计到 2023 年将达到 1 300 亿元，年复合增长率约为 15%。

总体来说，随着应用领域的不断拓展和市场规模的不断扩大，光电传感器在未来具有广阔的发展前景。同时，随着技术的不断创新和进步，光电传感器的性能和可靠性也将得到不断提高。

习题与思考

1. 什么是内光电效应？什么是外光电效应？说明其工作原理并指出相应的典型光电元件。

2. 提高光电倍增管放大倍数的正确方法是什么？为什么不用增加倍增级数的方法来提高光电倍增管的放大倍数？

3. 光电倍增管产生暗电流的原因是什么？如何减小或消除暗电流？

4. 什么是红外辐射？什么是红外传感器？

5. 简述红外体温计的特点。

6. 光纤传感器具有哪些特点？

7. 光纤可以通过哪些光的调制技术进行非电量的检测，试说明原理。

项目引入

　　早在 1879 年，美国物理学家霍尔（E. H. Hall）就在金属中发现了霍尔效应，但是由于这种效应在金属中非常微弱，当时并没有引起人们的重视。1948 年以后，由于半导体技术迅速发展，人们找到了霍尔效应比较明显的半导体材料，并开发了多种霍尔元件。我国从 20 世纪 70 年代开始研究霍尔元件，目前已能生产各种性能的霍尔元件。用霍尔元件做成的霍尔传感器可以做得很小（几平方毫米），可以制成电罗盘用于测量地球磁场，也可以将它卡在环形铁芯中，制成大电流传感器。它还广泛用于无刷电动机、高斯计、接近开关、微位移测量等。它的最大特点是非接触测量。

项目分解

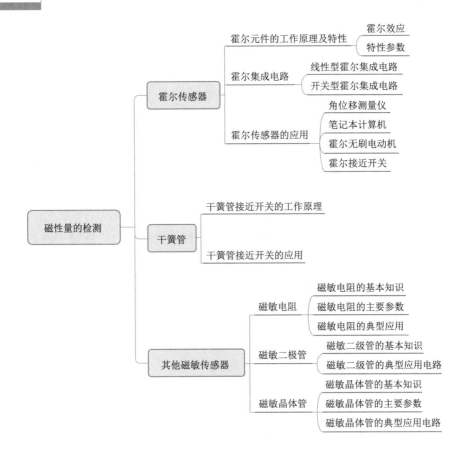

学习目标

知识目标

（1）理解霍尔效应。

（2）掌握霍尔元件的特性参数。

（3）掌握霍尔电动势计算公式。

（4）了解干簧管的结构、分类和工作原理。

（5）了解干簧管接近开关在机械手中的作用。

（6）掌握磁阻效应，以及磁敏电阻的主要参数和主要应用。

（7）掌握磁敏二极管的工作原理、温度特性和常用的磁敏二极管型号参数。

（8）了解磁敏晶体管常用型号、主要参数和典型应用。

能力目标

（1）会应用线性型霍尔元件。

（2）会应用开关型霍尔元件。

（3）会在气缸中安装干簧管接近开关。

（4）能够装调磁敏二极管典型应用电路。

（5）能够装调磁敏晶体管典型应用电路。

素养目标

（1）增强民族自豪感。

（2）培养爱岗敬业、精益求精的职业品质。

（3）培养创新思维。

（4）增强安全意识。

任务1　霍尔传感器

霍尔传感器原理

任务引入

霍尔传感器是基于霍尔效应的一种传感器，是目前应用最为广泛的一种磁电式传感器。它可以用来检测磁场、微位移、转速、流量、角度，也可以用来制作高斯计、电流表、接近开关等。它可以实现非接触测量，而且在很多情况下，可采用永磁铁来产生磁场，不需要附加源。因此，这种传感器广泛应用于自动控制、电磁检测等领域中。

学习要点

6.1.1　霍尔元件的工作原理及特性

1. 霍尔效应

金属或半导体薄片置于磁感应强度为 B 的磁场中，磁场方向垂直于薄片，如图 6-1（a）所示，当有电流 I 流过薄片时，在垂直于电流和磁场的方向上将产生电动势 E_H，这种现象称为霍尔效应，该电动势 E_H 称为霍尔电动势。霍尔电动势可用下式表示：

$$E_H = K_H IB \tag{6-1}$$

式中，K_H 为霍尔元件的灵敏度。

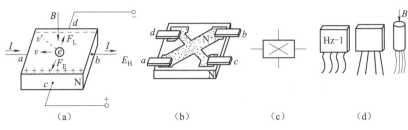

图 6-1 霍尔元件

(a) 霍尔效应原理图；(b) 霍尔元件结构示意图；(c) 图形符号；(d) 外形

若磁感应强度 B 不垂直于霍尔元件，而是与其法线成某一角度 θ 时，实际上作用于霍尔元件上的有效磁感应强度是其法线方向（与薄片垂直的方向）的分量，即 $B\cos\theta$，这时的霍尔电动势为

$$E_H = K_H IB\cos\theta \tag{6-2}$$

由式（6-2）可知，霍尔电动势与输入电流 I、磁感应强度 B 成正比，且当 B 的方向改变时，霍尔电动势的方向也随之改变。如果施加的磁场为交变磁场，则霍尔电动势为同频率的交变电动势。

这里以 N 型半导体霍尔元件为例来说明霍尔传感器的工作原理。在激励电流端通入电流 I，并将薄片置于磁场中。设该磁场垂直于薄片，磁感应强度为 B，这时电子（运动方向与电流方向相反）将受到洛仑兹力 F_L 的作用，向内侧偏移，从而在薄片的 c、d 方向产生电场 E。随后，电子受到洛仑兹力 F_L 作用的同时，又受到电场力 F_E 的作用。从图 6-1（a）可以看出，这两种力的方向相反。电子积累越多，F_E 越大，而洛仑兹力保持不变。最后，当 $|F_L| = |F_E|$ 时，电子的积累达到动态平衡。这时，在半导体薄片 c、d 方向的端面之间建立的电动势 E_H 是霍尔电动势。

目前常用的霍尔元件材料是 N 型硅，它的灵敏度、温度特性、线性度均较好。锑化铟（InSb）、砷化铟（InAs）、锗（Ge）等也是常用的霍尔元件材料，砷化镓（GaAs）是新型的霍尔元件材料，今后将逐渐得到应用。近年来，已采用外延离子注入工艺或溅射工艺制造了尺寸小、性能好的薄膜型霍尔元件，如图 6-1（b）所示。它由衬底、十字形薄膜、引线（电极）及塑料外壳等组成，其灵敏度、稳定性、对称性等均比传统工艺优越得多，目前得到越来越广泛的应用。

霍尔元件的壳体可用塑料、环氧树脂等制造，封装后的外形如图 6-1（d）所示。

2. 特性参数

（1）输入电阻 R_i。霍尔元件两激励电流端的直流电阻称为输入电阻。它的阻值为几十欧到几百欧，视不同型号的元件而定。温度升高，输入电阻变小，从而使输入电流 I_{ab} 变大，最终引起霍尔电动势变大。为了减少这种影响，最好采用恒流源作为激励源。

（2）输出电阻 R_o。两个霍尔电动势输出端之间的电阻称为输出电阻，它的数值与输入电阻为同一数量级。它随温度改变而改变。选择适当的负载电阻 R_L 与之匹配，可以使由温度引起的霍尔电动势的漂移减至最小。

（3）最大激励电流 I_m。由于霍尔电动势随激励电流增大而增大，故在应用中总希望选用较大的激励电流。但激励电流增大，霍尔元件的功耗增大，元件的温度升高，从而引起霍尔电动势的温漂增大，因此每种型号的元件均规定了相应的最大激励电流，它的数值为几毫安至几十毫安。

（4）灵敏度 K_H。计算公式为 $K_H = E_H/(IB)$，单位为 $mV/(mA \cdot T)$。

（5）最大磁感应强度 B_m。磁感应强度超过 B_m 时，霍尔电动势的线性度将明显增大，B_m 的数值一般小于零点几特斯拉（$1\ T = 10^4\ Gs$）。

（6）不等位电动势。在额定激励电流下，当外加磁场为零时，霍尔元件输出端之间的开路电压称为不等位电动势，它是由 4 个电极的几何尺寸不对称引起的，使用时多采用电桥法来补偿不等位电动势引起的误差。

（7）霍尔电动势温度系数。在一定磁场强度和激励电流的作用下，温度每变化 1 ℃时霍尔电动势变化的百分数称为霍尔电动势温度系数，它与霍尔元件的材料有关，一般为 0.1%/℃。在要求较高的场合，应选择低温漂的霍尔元件。

6.1.2 霍尔集成电路

随着微电子技术的发展，目前霍尔元件多已集成化。霍尔集成电路（又称霍尔 IC）有许多优点，如体积小、灵敏度高、输出幅度大、温漂小、对电源稳定性要求低等。霍尔集成电路可分为线性型和开关型两大类。

1. 线性型霍尔集成电路

线性型霍尔集成电路是将霍尔元件和恒流源、线性差动放大器等做在一个芯片上，输出电压为伏级，比直接使用霍尔元件方便得多，较典型的有 UGN3501 等。

图 6-2 和图 6-3 分别是 UGN3501T 的外形、内部电路及输出特性曲线。

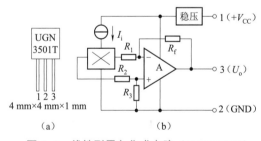

图 6-2　线性型霍尔集成电路（UGN3501T）

（a）外形；（b）内部电路

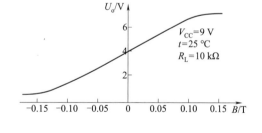

图 6-3　线性型霍尔集成电路输出特性曲线

2. 开关型霍尔集成电路

开关型霍尔集成电路是将霍尔元件、稳压电路、放大器、施密特触发器、OC 门（集电极开路输出门）等做在同一个芯片上。当外加磁场强度超过规定的工作点时，OC 门由高阻态变为导通状态，输出变为低电平；当外加磁场强度低于释放点时，OC 门重新变为高阻态，输出高电平。这类器件中较典型的有 UGN3020、UGN3022 等。

有一些开关型霍尔集成电路内部还包括双稳态电路，这种器件的特点是必须施加相反极性的磁场，电路的输出才能翻转回到高电平，也就是说，具有"锁键"功能。这类器件又称为锁键型霍尔集成电路，如 UGN3075 等。

图 6-4 和图 6-5 分别是 UGN3020 的外形、内部电路及输出特性曲线。

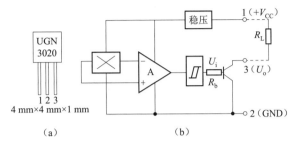

图 6-4　开关型霍尔集成电路（UGN3020）

（a）外形；（b）内部电路

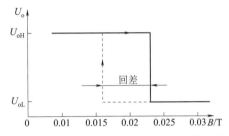

图 6-5　开关型霍尔集成电路输出特性曲线

6.1.3　霍尔传感器的应用

由前述分析可知，霍尔电动势是关于 I、B、θ 这 3 个变量的函数，即 $E_H = K_H I B \cos \theta$，人们利用这个关系可以使其中两个量不变，将第三个量作为变量，或者固定其中一个量、其余两个量都作为变量。3 个变量的多种组合使霍尔传感器具有非常广阔的应用领域。归纳起来，霍尔传感器主要有下列的用途。

（1）维持 I、θ 不变，则 $E_H = f(B)$，这方面的应用主要有测量磁场强度的高斯计、测量转速的霍尔转速表、磁性产品计数器、霍尔角编码器，以及基于微小位移测量原理的霍尔加速度计、微压力计等。

（2）维持 I、B 不变，则 $E_H = f(\theta)$，这方面的应用有角位移测量仪等。

（3）维持 θ 不变，则 $E_H = f(IB)$，即传感器的输出 E_H 与 I、B 的乘积成正比，这方面的应用有模拟乘法器、霍尔功率计、电能表等。

1. 角位移测量仪

角位移测量仪结构示意图如图 6-6 所示。霍尔元件与被测物联动，而霍尔元件又在一个恒定的磁场中转动，于是霍尔电动势 E_H 就反映了转角 θ 的变化。不过，这个变化是非线性的（E_H 正比于 $\cos \theta$），若要求 E_H 与 θ 呈线性关系，必须采用特定形状的磁极。

2. 笔记本计算机

笔记本计算机是一种小型、方便携带的个人计算机，和台式计算机有着类似的结构组成，但有着体积小、质量轻、便于携带的优点。在笔记本计算机中，霍尔传感器主要用来检测屏幕开合状态，以此来判断计算机的工作状态，从而点亮或熄灭屏幕显示，达到减少机器功耗的目的，一般采用开关型霍尔元件。大多数情况下，在笔记本计算机的显示屏内安装磁体，在机身主板内的对应部分安装霍尔元件，如图 6-7 所示。当屏幕开启时，磁铁远离霍尔元件，计算机正常工作；当屏幕闭合时，磁铁靠近霍尔元件，霍尔周围磁场开始变化，笔记本计算机的屏幕会自动熄灭，进入休眠状态。

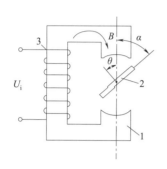

1—极靴；2—霍尔元件；3—励磁线圈。

图 6-6　角位移测量仪结构示意图

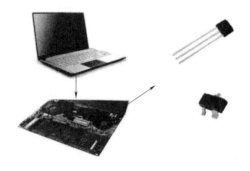

图 6-7　霍尔传感器在笔记本计算机中的应用

3. 霍尔无刷电动机

传统的直流电动机使用换向器来改变转子（或定子）的电枢电流的方向，以维持电动机的持续运转。霍尔无刷电动机取消了换向器和电刷，而采用霍尔元件来检测转子和定子之间的相对位置，其输出信号经放大、整形后触发电子电路，从而控制电枢电流的换向，维持电动机的正常运转。图 6-8 是霍尔无刷电动机的结构示意图。

由于无刷电动机不存在电火花及电刷磨损等问题，所以它在录像机、CD 唱机、光驱等家用电器中得到广泛的应用。

4. 霍尔接近开关

霍尔接近开关应用示意图如图 6-9 所示。在图 6-9（a）中，磁极的轴线与霍尔接近开关的轴线在同一直线上。当磁铁随运动部件移动到距霍尔接近开关几毫米时，霍尔接近开关的输出由高电平变为低电平，驱动电路使继电器吸合或释放，控制运动部件停止移动（否则将撞坏霍尔接近开关），从而起限位的作用。

在图 6-9（b）中，磁铁随运动部件运动，当磁铁与霍尔接近开关的距离小于某一数值时，霍尔接近开关的输出由高电平跳变为低电平。与图 6-9（a）不同的是，当磁铁继续运动时，与霍尔接近开关的距离又重新拉大，霍尔接近开关输出重新跳变为高电平，且不存在损坏霍尔接近开关的可能。

在图 6-9（c）中，磁铁和霍尔接近开关保持一定的间隙，且均固定不动。软铁制作的分流翼片与运动部件联动。当它移动到磁铁与霍尔接近开关之间时，磁力线被屏蔽（分流），无法到达霍尔接近开关，所以此时霍尔接近开关输出跳变为高电平。改变分流翼片的

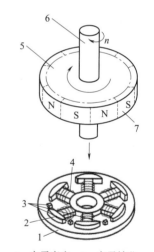

1—定子底座；2—定子铁芯；
3—霍尔元件；4—线圈；
5—外转子；6—转轴；7—磁极。

图 6-8　霍尔无刷电动机的
结构示意图

宽度可以改变霍尔接近开关的高电平与低电平的占空比。这种方法的精确度比图 6-9（a）、图 6-9（b）所示的方法更高。汽车霍尔分电器就是它的一个典型应用实例，电梯"平层"也是利用分流翼片的原理制成的。

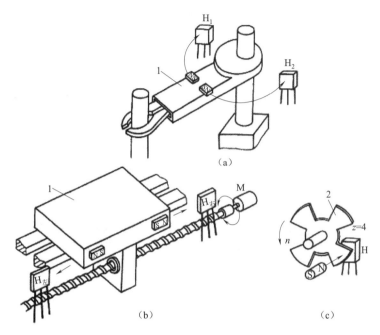

1—运动部件；2—软铁分流翼片。

图 6-9　霍尔接近开关应用示意图

（a）接近式；（b）滑过式；（c）分流翼片式

任务 2　干　簧　管

干簧管工作原理

任务引入

　　干簧管是干式舌簧管的简称，是一种有触点的开关元件，具有结构简单、体积小、便于控制等优点。干簧管与永磁体配合可制成磁控开关，用于报警装置及电子玩具中；与线圈配合可制成干簧继电器，用在机电设备中，起迅速切换作用。

学习要点

6.2.1　干簧管接近开关的工作原理

　　干簧管的外形如图 6-10 所示，结构如图 6-11 所示。该干簧管由一对磁性材料制造的弹性磁簧组成，磁簧密封于充有惰性气体的玻璃管中，磁簧端面互叠，留有一条细间隙。磁簧端面触点镀有一层贵重金属（如金、铑、钌等），使开关特性稳定，并延长使用寿命。

图6-10 干簧管的外形

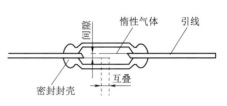

图6-11 干簧管的结构

干簧管接近开关的结构如图6-12所示，由恒磁铁或线圈产生的磁场施加于干簧管接近开关上使干簧管的两个磁簧磁化，两个磁簧分别在两触点位置生成N、S极。若生成的磁场吸引力克服了磁簧弹性所产生的阻力，磁簧将被吸引力作用接触导通，即电路闭合。一旦磁场力消失，电路断开。图6-13所示为活塞带有磁环的气缸专用干簧管接近开关。

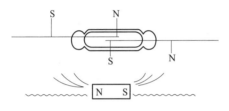

图6-12 干簧管接近开关的结构

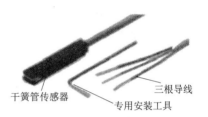

图6-13 气缸专用干簧管接近开关

6.2.2 干簧管接近开关的应用

图6-14所示为活塞带有磁环的气缸，将干簧管接近开关安装在缸体槽内，用以检测活塞的位置。图6-15所示为由气缸组成的简易机械手，该机械手利用干簧管接近开关检测活塞杆伸出的位置，通过可编程逻辑控制器控制其动作。

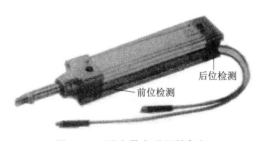

图6-14 活塞带有磁环的气缸

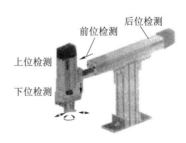

图6-15 由气缸组成的简易机械手

任务3 其他磁敏传感器

任务引入

其他磁敏传感器主要指磁敏电阻、磁敏二极管及磁敏晶体管。本任务主要对这3种磁敏传感器的基本知识、主要参数及典型应用进行介绍。

学习要点

6.3.1 磁敏电阻

磁敏电阻又叫磁控电阻，是一种对磁场敏感的半导体元件，它可以将磁感应信号转换为电信号。

1. 磁敏电阻的基本知识

1）磁敏电阻的电路符号

磁敏电阻在电路中用 RM 或 R 表示，其图形符号如图 6-16 所示。

（a） （b）

图 6-16 磁敏电阻的图形符号

2）磁敏电阻的结构特点

磁敏电阻的结构和外形如图 6-17 所示。磁敏电阻一般做成片状，长、宽只有几毫米。为了提高灵敏度，电阻体经常做成弯弯曲曲的形状，并通过光刻等方法形成栅状的短路条。

磁敏电阻多采用片形膜式封装结构，有两端和三端（内部有两只串联的磁敏电阻）之分。

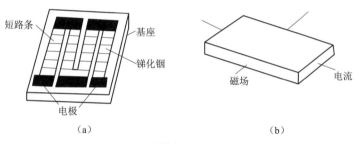

（a） （b）

图 6-17 磁敏电阻的结构和外形
（a）结构；（b）外形

3）磁敏电阻的原理

磁敏电阻是利用半导体的磁阻效应制成的，常用锑化铟（InSb）材料加工而成。半导体材料的磁阻效应包括物理磁阻效应和几何磁阻效应。

（1）物理磁阻效应（又称为磁电阻率效应）：在一个长方形半导体 InSb 片中，沿长度方向有电流通过时，若在垂直于电流片［见图 6-17（b）］的宽度方向上施加一个磁场，半导体 InSb 片长度方向上就会发生电阻率增大的现象，这种现象就称为物理磁阻效应。

（2）几何磁阻效应：半导体材料几何磁阻效应是与半导体片几何形状有关的物理现象。试验表明，当半导体片的长度大于宽度时，几何磁阻效应并不显著；相反，当长度小于宽度时，几何磁阻效应就很明显。

2. 磁敏电阻的主要参数

磁敏电阻的主要参数有磁阻比、磁阻系数、磁阻灵敏度等。

1）磁阻比

磁阻比是指在某一规定的磁感应强度下，磁敏电阻的阻值与零磁感应强度下的阻值之比。

　　磁敏电阻在弱磁场中，磁阻比与磁感应强度的二次方成正比；在强磁场中，与磁感应强度成正比。这种关系如图 6-18 所示。图 6-18 中的 R_B/R_0 为磁阻比，B 为磁感应强度。由此可见，磁阻比随磁场方向的变化曲线具有对称性。也就是说，在弱磁场作用下，磁敏电阻的阻值变化较慢；在强磁场作用下，阻值按线性关系增加。例如，本征锑化铟和锑化材料制成的磁敏电阻，当磁感应强度为 $3\,000\times 10^{-4}$ T 时，$R_B/R_0 = 3 \sim 3.2$；当磁感应强度为 $10\,000\times10^{-4}$ T 时，$R_B/R_0 = 13 \sim 18$。

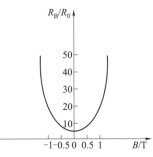

图 6-18　磁敏电阻的电阻-磁感应强度特性曲线

　　2）磁阻系数

　　磁阻系数是指在某一规定的磁感应强度下，磁敏电阻的阻值与其标称阻值之比。

　　3）磁阻灵敏度

　　磁阻灵敏度是指在某一规定的磁感应强度下，磁敏电阻的阻值随磁感应强度的相对变化率。

　　4）其他参数

　　磁敏电阻在室温下的初始阻值为 $10 \sim 500$ Ω；其电阻温度系数相当大，在 $0 \sim 65$ ℃范围内约为 -2%/℃；额定功率为 20 mW。

　　3. 磁敏电阻的典型应用

　　磁敏电阻的应用较广泛，在自动控制中的典型应用如下。

　　1）磁敏传感器

　　以磁敏电阻为核心元件的各种磁敏传感器，它们的工作原理基本相同，仅是因用途、结构不同而种类各异。

　　磁敏传感器的工作原理如图 6-19 所示。其中，磁敏电阻是由 R_1 与 R_2 构成的三端式元件，且 $R_1 = R_2$，1 脚与 3 脚为电压输入端，2 脚与 3 脚（或 2 脚与 1 脚）为输出端。

　　这样，由 R_1 与 R_2 构成一个分压电路。永久磁铁的面积与 R_1 与 R_2 的面积相等，将它覆盖在 R_1 与 R_2 上，仅留一个微小的间隙以便能左右移动。当永久磁铁完全覆盖在 R_1 上时，2 脚与 3 脚输出电压最小；当永久磁铁完全覆盖在 R_2 上时，2 脚与 3 脚输出电压最大；当永久磁铁处于中央位置时，也就是将 R_1 与 R_2 各覆盖一半时，输出电压等于输入电压的 1/2。

　　2）无触点电位器

　　以磁敏电阻为无触点电位器的原理同图 6-19 基本相同，只是将磁敏电阻 R_1 与 R_2 分别制成两个圆形，组合在一起就成了一个圆环，永久磁铁是一个面积与上述磁敏电阻面积相等的半圆。永久磁铁的位移不是直线式而是 360° 旋转式，其结构示意图如图 6-20 所示。这样，当永久磁铁完全覆盖 R_1 时，输出电压最小；当永久磁铁沿顺时针方向旋转 90° 时，恰好覆盖 R_1 与 R_2 各一半，此时输出电压为输入电压的 1/2；当 R_2 全部被永久磁铁覆盖时，输出电压最大。

　　磁敏电阻还可用于磁场强度、漏磁的检测等。

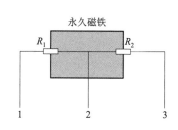

图 6-19　磁敏传感器的工作原理

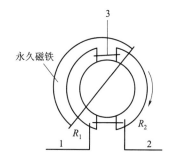

图 6-20　无触点电位器的结构示意图

6.3.2　磁敏二极管

磁敏二极管是利用载流子在磁场中运动时会受到洛伦兹力作用的原理制成的。它是对磁场极为敏感的半导体器件，是为了探测较弱磁场而设计的。

1. 磁敏二极管的基本知识

1）磁敏二极管的外形与图形符号

磁敏二极管的外形如图 6-21（a）所示，较短的引脚为负极（N$^+$区），凸出面为磁敏感面，即图 6-21（a）中箭头所指的那一面。图 6-21（b）为磁敏二极管的图形符号。

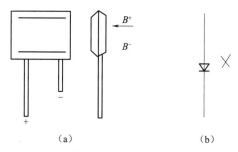

图 6-21　磁敏二极管的外形与图形符号
（a）外形；（b）图形符号

2）磁敏二极管的基本结构

磁敏二极管的基本结构如图 6-22（a）所示。它的结构形式与 PIN 二极管相似，是一种 P$^+$-I-N$^+$结构的半导体器件。

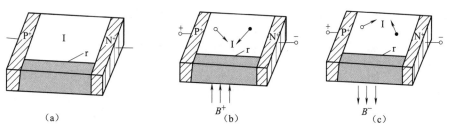

图 6-22　磁敏二极管的基本结构和工作原理示意图
（a）基本结构；（b）加正向磁场 B^+；（c）加反向磁场 B^-

如图 6-22（a）所示，用一块接近于本征的高纯度半导体材料硅或锗，在其两端用合金或扩散法分别制作 P^+ 和 N^+ 区，中间隔以较长的本征区，形成 P^+-I-N^+ 结构。再在本征区的侧面上，用研磨或扩散等工艺形成高复合区 r，由此就制成了磁敏二极管。P^+ 端引线为正极端，N^+ 端引线为负极端。

需要说明的是，磁敏二极管中间间隔的本征区的长度大于空穴和电子的扩散长度。

3）磁敏二极管的工作原理

要使磁敏二极管正常工作，必须在 P^+ 端接电源正极，N^+ 端接电源负极，它具有单向导电特性。当无外磁场时，空穴由 P^+ 区注入 I 区，电子由 N^+ 区注入 I 区，流入 I 区的电子和空穴构成了电流，很少一部分在 I 区复合。

（1）加正向磁场 B^+。

当加上图 6-22（b）所示的正向磁场 B^+ 时，由于洛伦兹力的作用，电子和空穴都会向高复合区 r 处偏转，在 r 区电子和空穴的复合率很高。由于大量的空穴和电子已复合，因此 I 区载流子浓度降低，电阻增大。

（2）加反向磁场 B^-。

当加上图 6-22（c）所示的反向磁场 B^- 时，注入 I 区的电子和空穴会离开高复合区 r 并向相对的方向偏转。这样，电子和空穴的复合率就减小，载流子浓度增大，电阻减小，电流增大。

随着磁场强度的增加，电阻的变化也增大，由于磁敏二极管把空穴和电子两种载流子注入效应和复合效应巧妙地结合起来，因此对磁场的灵敏度很高。流过磁敏二极管的电流会随磁场的强弱和方向变化，因此磁敏二极管是探测磁场的有效器件。

4）常用磁敏二极管

国产常用的磁敏二极管主要有由硅材料做成的 2DCM 系列以及由锗材料做成的 2ACM 系列，它们的主要参数如表 6-1 所示。

表 6-1 2DCM 和 2ACM 系列二极管的主要参数

型号	最大耗散功率/mW	工作电压/V	工作电流/mV	负载电阻/kΩ	磁场输出电压/V		ΔU^+ 温度系数	工作频率/kHz
					ΔU^+	ΔU^-		
2DCM-2A	40	12.5	2.8	3	0.5~0.75	≥0.25	0.6	>100
2DCM-2B	40	12.5	2.8	3	0.75~1.25	≥0.35	0.6	>100
2DCM-2C	40	12.5	2.8	3	≥1.25	≥0.6	0.6	>100
2ACM-1A	50	4~6	2~2.5	3	<0.6	≥0.4	1.5	10
2ACM-1B	50	4~6	2~2.5	3	≥0.6	≥0.4	1.5	10
2ACM-1C	50	4~6	2~2.5	3	>0.8	>0.6	1.5	10
2ACM-2A	50	6~8	1.5~2	3	<0.6	<0.4	1.5	10

续表

型号	最大耗散功率/mW	工作电压/V	工作电流/mV	负载电阻/kΩ	磁场输出电压/V		ΔU^+ 温度系数	工作频率/kHz
					ΔU^+	ΔU^-		
2ACM-2B	50	6~8	1.5~2	3	≥0.6	0.4	1.5	10
2ACM-2C	50	6~8	1.5~2	3	>0.8	>0.6	1.5	10
2ACM-3A	50	7~9	1~1.5	3	<0.6	<0.4	1.5	10
2ACM-3B	50	7~9	1~1.5	3	≥0.6	≥0.4	1.5	10
2ACM-3C	50	7~9	1~1.5	3	>0.8	>0.6	1.5	10

5）磁敏二极管温度特性曲线

常见的磁敏二极管 2ACM 的温度特性曲线如图 6-23 所示。由该曲线不难看出，随着温度的升高，磁场输出电压 ΔU^+ 或 ΔU^- 均下降。出现这种现象是由于制作材料锗对温度比较敏感。

2. 磁敏二极管的典型应用电路

磁敏二极管在工作时，外加磁场的磁力线应尽量与复合区 r 平行，即垂直于磁敏二极管正凸面，以求得到最大的磁灵敏度。

磁敏二极管的典型应用电路如图 6-24（a）所示，正常工作时，随着磁场方向和大小的变化，负载两端就可以得到极性相同而大小不同的电信号 u_o。重叠的两只磁敏二极管如图 6-24（b）所示。

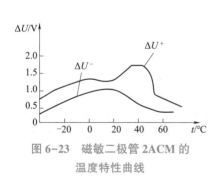

图 6-23 磁敏二极管 2ACM 的温度特性曲线

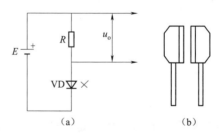

图 6-24 磁敏二极管的典型应用电路和重叠安装示意图

（a）典型应用电路；（b）重叠的两只磁敏二极管

6.3.3 磁敏晶体管

磁敏晶体管是在磁敏二极管的基础上发展起来的另一种磁电传感器。

1. 磁敏晶体管的基本知识

磁敏晶体管是一种对磁场敏感的磁电转换器件，它可以将磁信号转换为电信号。常见的磁敏晶体管有 3CCM 和 4CCM 等型号。

1）3CCM 的外形及图形符号

3CCM 磁敏晶体管采用双极型结构，正、反向磁灵敏度极性，有确定的磁敏感面（通常用色点标注）。图6-25（a）是3CCM的正视图，图6-25（b）是其侧视图，标有黑点的一面（即图6-25（a）中箭头所指的面），即为磁敏感面。其图形符号如图6-25（c）所示。

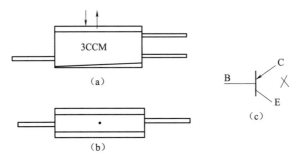

图6-25　3CCM磁敏晶体管的外形及图形符号

（a）正视图；（b）侧视图；（c）图形符号

2）4CCM的外形及图形符号

4CCM磁敏晶体管是由两只3CCM磁敏晶体管和两只电阻连接而成的，具有温度补偿的特点。图6-26（a）为4CCM磁敏晶体管的外形，图6-26（b）为其图形符号，图6-26（c）为其内部电路。

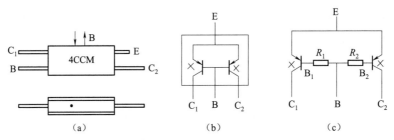

图6-26　4CCM磁敏晶体管的外形、图形符号和内部电路

（a）外形；（b）图形符号；（c）内部电路

2. 磁敏晶体管的主要参数

国产3CCM系列磁敏晶体管是一种具有电流双极型PNP型结构的长基区晶体管，其基区的宽度大于载流子的扩散长度，它的放大倍数$\beta<1$，但其集电极电流输出特性在磁场中的增加或减小，使其具有正、反磁灵敏度，这一磁灵敏度通常是用集电极电流相对变化量来表示的。

表6-2中列出了几种磁敏晶体管的主要电参数，供使用时参考。

表6-2　几种磁敏晶体管的主要电参数

参数名称	符号	测试条件	3CCM系列	3ACM系列	3BCM系列
无磁场时的集电极电流	I_{CHO}	$V_{CC}=6\ V$ $I_b=3\ mA$ $R_L=100\ \Omega$	$100\sim450\ \mu A$	$0.5\sim1.5\ mA$	$100\sim500\ \mu A$

续表

参数名称	符号	测试条件	3CCM 系列	3ACM 系列	3BCM 系列
磁灵敏度	h	$V_{CC} = 6$ V $I_b = 3$ mA $R_L = 100$ Ω $H = \pm 1$ kGs	±>75%/kGs	20%~50%/kGs	5%~30%/kGs
击穿电压	BV_{CEO}	$R_L = 100$ Ω $I_b = 0$ mA $I_{CEO} = 10$ μA	≥ 20 V	20~50 V	≥ 25 V
最大功耗	P_M	—	20 mW	45 mW	45 mW
工作温度	—	—	−45~85 ℃	−45~75 ℃	−45~75 ℃
最高结温	T_M	—	100 ℃	100 ℃	100 ℃
反向漏电流	—	—	400 μA	300 μA	200 μA

3. 磁敏晶体管的典型应用电路

磁敏晶体管的放大倍数 $\beta < 1$，它的输出阻抗比较高，在实际应用中应考虑其所配的接口电路类型，以便将磁敏晶体管变换后的信号进行放大。

磁敏晶体管的典型应用是射极跟随器式接口电路，如图 6-27 所示。在该电路中，VD_1 与 R_1 构成 VT_1 的基极电压稳压电路，以使 VT_1 的集电极电流也稳定，这样可使流入磁敏晶体管 VT_2 的基极电流恒定，从而减弱电源电压波动和温度变化对 VT_2 静态工作点的影响。R_P 用于调节输入 VT_2 基极的电流。VT_3 采用射极跟随器式连接方式，有利于同后级电路进行阻抗匹配。

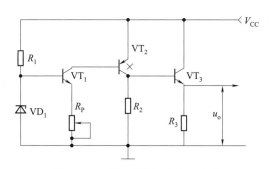

图 6-27　射极跟随器式接口电路

项目实施

请完成表 6-3 所示的项目工单。

表6-3　项目工单

任务名称	分析认识霍尔传感器	组别	组员：

一、任务描述

根据本项目的学习，完成对霍尔传感器的认识。

二、技术规范（任务要求）

（1）画出霍尔效应原理图、霍尔元件结构示意图及图形符号。

（2）分析并写出霍尔效应。

（3）写出常用的霍尔材料。

三、计划（制订小组工作计划）

工作流程	完成任务的资料、工具或方法	人员安排	时间分配	备注

四、决策（确定工作方案）

（1）小组讨论、分析、阐述任务完成的方法、策略，确定工作方案。

（2）教师指导、确定最终方案。

五、实施（完成工作任务）

工作步骤	主要工作内容	完成情况	问题记录

六、检查（问题信息反馈）

反馈信息描述	产生问题的原因	解决问题的方法

七、评估（基于任务完成的评价）

（1）小组讨论，自我评述任务完成情况、出现的问题及解决方法，小组共同给出改进方案和建议。

（2）小组准备汇报材料，每组选派一人进行汇报。

（3）教师对各组完成情况进行评价。

（4）整理相关资料，完成评价表。

项目6 磁性量的检测

任务名称				姓名	组别	班级	学号	日期
考核内容及评分标准				分值	自评	组评	师评	均分
三维目标	素质	自主学习、合作学习、团结互助等		25				
	认知	任务所需知识的掌握与应用等		40				
	能力	任务所需能力的掌握与数量等		35				
加分项	收获（10分）	你有哪些收获（借鉴、教训、改进等）：	你进步了吗？			加分		
			你帮助他人进步了吗？					
	问题（10分）	发现问题、分析问题、解决方法、创新之处等：				加分		
总结与反思						总分		

八、拓展（基于本任务延伸的知识与能力）

九、备注（需要注明的内容）

指导教师评语：

任务完成人签字：　　　　　　　　　　　　　　　日期：　　　年　　　月　　　日

指导教师签字：　　　　　　　　　　　　　　　　日期：　　　年　　　月　　　日

项目小结

（1）霍尔元件两激励电流端的直流电阻称为输入电阻。

（2）两个霍尔电动势输出端之间的电阻称为输出电阻，它的数值与输入电阻为同一数量级。

（3）霍尔集成电路（又称霍尔 IC）有许多优点，如体积小、灵敏度高、输出幅度大、温漂小、对电源稳定性要求低等。

（4）霍尔集成电路可分为线性型和开关型两大类。

（5）干簧管是干式舌簧管的简称，是一种有触点的开关元件，具有结构简单、体积小、便于控制等优点。

（6）磁敏电阻又叫磁控电阻，是一种对磁场敏感的半导体元件，它可以将磁感应信号转换为电信号。

（7）磁敏电阻多采用片形膜式封装结构，有两端和三端（内部有两只串联的磁敏电阻）之分。

（8）磁敏电阻是利用半导体的磁阻效应制成的，常用锑化铟（InSb）材料加工而成。半导体材料的磁阻效应包括物理磁阻效应和几何磁阻效应。

（9）磁敏电阻的主要参数有磁阻比、磁阻系数、磁阻灵敏度等。

（10）磁阻比是指在某一规定的磁感应强度下，磁敏电阻的阻值与零磁感应强度下的阻值之比。

（11）磁阻系数是指在某一规定的磁感应强度下，磁敏电阻的阻值与其标称阻值之比。

（12）磁阻灵敏度是指在某一规定的磁感应强度下，磁敏电阻的阻值随磁感应强度的相对变化率。

知识拓展

随着汽车电子技术的发展，汽车的安全性能技术受到人们的重视，制动系统作为主要安全件更是备受关注。防抱死刹车系统（Anti-locked Braking System，ABS）是一种具有防滑、防锁死等优点的汽车安全控制系统，它既有普通制动系统的制动功能，又能在制动过程中防止车轮被制动抱死。ABS 对汽车性能的影响主要表现在减少制动距离、保持转向操纵能力、提高行驶方向稳定性及减少轮胎的磨损等方面，它是目前汽车上最先进、制动效果最佳的制动装置。

在 ABS 中，速度传感器是十分重要的部件。ABS 由车轮速度传感器、液压控制单元和电控单元（Electronic Control Unit，ECU）等组成。在制动时，车轮速度传感器测量车轮的速度，当一个车轮有抱死的可能时，车轮加速度增加很快，车轮开始滑转。如果该值超过设定值，ECU 就会发出指令，让电磁阀停止或减少车轮的制动压力，直到抱死的可能消失为止。在这个系统中，霍尔传感器作为车轮速度传感器，是制动过程中的实时速度采集器，是 ABS 中的关键部件之一。

霍尔传感器用来检测磁场，是磁敏传感器的一种。随着科学技术的发展，现代的磁敏传感器已向固体化发展，它利用磁场作用使物质的电性能发生变化，从而使磁场强度转换为电信号。磁敏传感器的种类较多，制作传感器的材料有半导体、磁性体、超导体等，不同材料制作的磁敏传感器，其工作原理和特性也不相同。

习题与思考

一、填空题

1. 霍尔传感器是一种_____传感器，它是把_____物理量转换成_____信号的装置，被广泛应用于自动控制、信息传递、电磁测量、生物医学等各个领域。它的最大特点是_____。

2. 霍尔元件的结构很简单，它通常由_____、_____、_____和_____组成。

3. 半导体材料的电阻率随_____的增强而变大，这种现象称为磁阻效应，利用磁阻效应制成的元件称为_____。

二、简答题

1. 什么是霍尔效应和霍尔元件？霍尔传感器有哪些主要参数？

2. 霍尔传感器适用于哪些场合？霍尔元件常用材料有哪些？各有什么特点？

3. 霍尔传感器有哪些类型？各有什么特点？

4. 磁敏电阻主要参数有哪些？

5. 磁敏二极管由哪几部分构成的？简述其工作原理。

6. 磁敏晶体管主要参数有哪些？

项目引入

位移测量通常包含线位移测量和角位移测量，因为位移是矢量，所以在测量时，不仅需要确定其大小，还要确定其方向。此外，在生产实践过程中，还经常把其他物理量的测量转化为位移的测量，即通过转换部件把物理量的变化转变为位移的变化，再通过测量位移间接推算被测物理量。

本项目所涉及的主要内容为应用光栅进行位移的测量，以及应用光电编码器进行角位移的测量。

项目分解

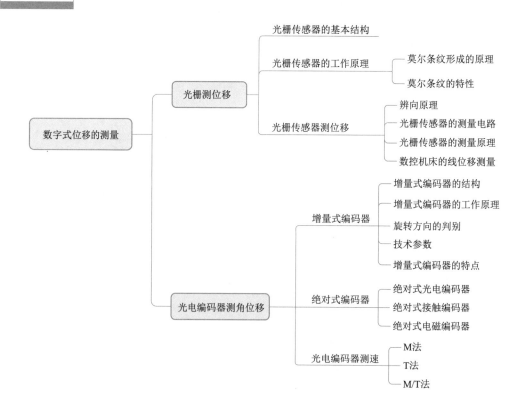

学习目标

知识目标

（1）了解光栅传感器的结构和特性。

（2）掌握光栅传感器的工作原理。

（3）了解光栅传感器测量位移的工作原理。

（4）光栅传感器的测量电路。

（5）了解光电编码器的结构。

（6）掌握光电编码器的工作原理。

能力目标

（1）能够应用光栅传感器对位移进行测量。

（2）掌握光栅传感器测量电路的工作原理。

（3）能够根据光栅传感器的常见故障现象进行判断。

（4）能够熟练掌握光电编码器的应用。

素养目标

（1）激发对学习的兴趣，培养积极学习、主动学习的态度。

（2）培养正确对待客观事物的能力。

（3）培养勇于发现和提出问题、敢于实践、敢于解决问题的信心和能力。

任务 1 光栅测位移

任务引入

光栅传感器是一种用于测量物体位置或运动状态的传感器。它可以测量绝对位置和相对位置，能够精确地测量微小的运动，并且具有高分辨率和高可靠性等优点，可以满足数控机床的精确测量要求。

在机电一体化设备中，光栅传感器可以作为各种长度计量仪器的重要配件，这也是用微电子技术改造传统工业的方向之一。此外，以光栅传感器为主要元件构成的光栅数显测量系统具有精度高、安装及操作容易、价格低、回收投资快等优点，因而得到大量使用。

那么光栅传感器的结构与特点如何？其工作原理是什么？这就是本任务的学习目标。

学习要点

光栅是一种数字式位移检测元件，其结构原理简单，测量范围大而且精度高，广泛应用于高精度机床和仪器的精密定位或长度、速度、加速度、振动等方面的测量。

光栅的种类很多，在检测技术中使用的是计量光栅。计量光栅按应用范围不同有透射光栅和反射光栅两种；按用途不同有测量线位移的长光栅和测量角位移的圆光栅；按光栅的表面结构不同，又可分幅值（黑白）光栅和相位（闪耀）光栅。本任务主要介绍用于长度和线位移测量的透射黑白长光栅。光栅传感器是根据莫尔条纹原理制成的一种计量光栅，主要用于位移测量及与位移相关的物理量（如速度、加速度、振动、质量、表面轮廓等）测量。

7.1.1　光栅传感器的基本结构

光栅是在透明的玻璃上刻有大量相互平行、等宽而又等间距的刻线。这些刻线有透明的和不透明的，或者是对光反射的和对光不反射的，刻制的光栅条纹密度一般为每毫米25、50、100、250 条等。黑白长光栅如图 7-1 所示，光栅上的刻线称为栅线，图 7-1 中 a 为栅线宽度，b 为缝隙宽度，$a+b=W$，W 称光栅的栅距（也称为光栅常数），通常 $a=b=W/2$。

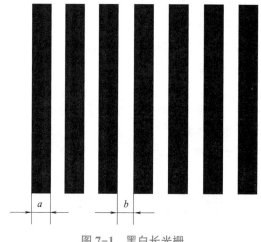

图 7-1　黑白长光栅

光栅传感器主要由光源、透镜、光栅副（主光栅和指示光栅）和光电接收元件等组成，如图 7-2 所示。

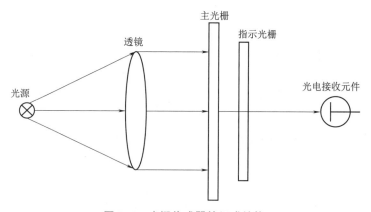

图 7-2　光栅传感器的组成结构

光源的作用主要是供给光栅传感器工作所需的光能，它有单色光和普通白光两种，通常采用钨丝灯泡或半导体发光器件。透镜的作用主要是将光源发出的点光转换成平行光，通常采用单个凸透镜。光栅副主要由主光栅和指示光栅组成，如图 7-3 所示，是光栅传感器的核心部分，其精度决定整个光栅传感器的精度。主光栅是测量的基准（又称为标尺光栅），其长度由测量范围确定。指示光栅一般比主光栅短得多，其长度只要能满足测量所需的莫尔条纹数量即可，通常刻有与主光栅同样密度的线纹，如图 7-3（b）所示。在测量时，主光栅与指示光栅相对，两光栅互相重叠，但保持 0.05～0.1 mm 的间隙，可以相对运动。在数控机床中，主光栅往往固定在床身上不动，而指示光栅则安装在被测物体上随之移动。在圆光栅副中，主光栅通常是整圆光栅，固定在主轴上，并随主轴一起转动，指示光栅则为一个固定不动的小块。光电接收元件是将光栅副形成的莫尔条纹的明暗强度变化转化为电量输出，主要包括光电池和光敏三极管。在光敏元件的输出端接有放大器，以得到足够大的输出信号。

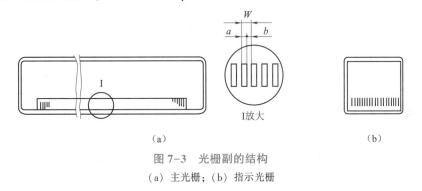

图 7-3 光栅副的结构

（a）主光栅；（b）指示光栅

7.1.2 光栅传感器的工作原理

当用光栅测量位移时，由于刻线很密，栅距很小，而光敏元件有一定的机械尺寸，故很难分辨到底移动了多少个栅距，实际测量时是利用光栅的莫尔条纹现象进行的。光栅传感器的工作原理如图 7-4 所示，被测物体位移=栅距×脉冲数。

图 7-4 光栅传感器的工作原理

1. 莫尔条纹形成的原理

如果把光栅常数相等的主光栅和指示光栅相对叠合（片间留有很小的间隔），并使两者栅线（光栅刻线）之间保持很小的夹角 θ，在两光栅的刻线重合处，光从缝隙透过，形成亮带，在两光栅刻线的错开处，由于相互挡光而形成暗带，于是在近似于垂直栅线的方向上出现明暗相间的条纹，即在 d-d 线上形成亮带，在 f-f 线上形成暗带，如图 7-5 所示，这种明暗相间的条纹称为莫尔条纹。莫尔条纹方向与刻线条纹方向近似垂直，当指示光栅左右移动时，莫尔条纹上下移动变化。

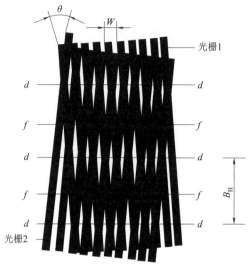

图 7-5　光栅和横向莫尔条纹

2. 莫尔条纹的特性

1）位移放大作用

莫尔条纹两个亮条纹之间的宽度为其间距。从图 7-5 所示的莫尔条纹可知，莫尔条纹的间距 B_H 与两光栅夹角 θ 和栅距 W 的关系为

$$B_H = W/\sin\theta \approx W/\theta \tag{7-1}$$

从式（7-1）可知，θ 越小，B_H 越大，调整夹角 θ 即可得到很大的莫尔条纹宽度。例如，$\theta = 0.001$ mm，$B_H = 10$ mm，则莫尔条纹间距是栅距的 1 000 倍。因此，莫尔条纹有放大栅距作用，这既使光敏元件便于安放，让光敏元件"看清"随光栅移动所带来的光强变化，又提高了测量的灵敏度。

2）减小误差作用

莫尔条纹是由光栅的大量栅线（常为数百条）共同形成的，对光栅的刻线误差有平均作用，从而能在很大程度上消除栅距的局部误差和短周期误差的影响。因此，莫尔条纹可以得到比光栅本身刻线精度更高的测量精度。

3）方向对应与同步性

莫尔条纹的移动量和移动方向与主光栅相对于指示光栅的位移和位移方向有着严格的对应关系。当主光栅不动，指示光栅沿与光栅刻线条纹垂直的方向移动时，莫尔条纹则沿刻线条纹方向移动（两者的运动方向相互垂直）；指示光栅反向移动，莫尔条纹也反向移动，方向一一对应。如图 7-5 所示，当指示光栅向左移动时，莫尔条纹向下移动；当光栅移动一个栅距时，莫尔条纹也同步移动一个间距。

7.1.3　光栅传感器测位移

1. 辨向原理

单个光电元件接收一固定点的莫尔条纹信号，无论光栅做正向移动还是反向移动，光电元件都产生相同的余弦信号，只能判别明暗的变化而不能辨别莫尔条纹的移动方向，因而就不能判别运动零件的运动方向，以致不能正确测量位移，因此必须设置辨向电路。

如果能够在物体正向移动时，将得到脉冲数增加，而在物体反向移动时，可从已累加的脉冲数中减去反向移动的脉冲数，这样就能得到正确的测量结果。

用两个光电元件相距 $B/4$ 安装，以得到两个相位互差 90° 的正弦信号。如图 7-6 所示，正向移动时，脉冲数累加，反向移动时，便从累加的脉冲数中减去反向移动所得的脉冲数，如此可以解决辨向问题。其原理框图如图 7-7 所示。

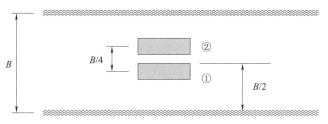

图 7-6　辨向电路的设置

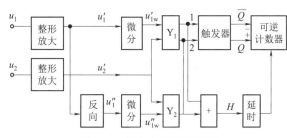

图 7-7　辨向电路原理框图

若以移过的莫尔条纹数来确定位移，其分辨率为光栅栅距。为了提高分辨率和测得比栅距更小的位移，可以采用细分技术。

细分技术是在光栅移动一个栅距，莫尔条纹变化一个周期时，不是输出一个脉冲，而是输出若干个脉冲，从而提高了分辨率。细分越多，分辨率越高。由于细分后计数脉冲频率提高，因此细分又称为倍频。

常用的细分方法是直接细分，细分数为 4，故又称四倍频细分。即可用 4 个依次相距 $B/4$ 的光电元件，在莫尔条纹的一个周期内将产生 4 个技术脉冲，从而实现四细分。

2. 光栅传感器的测量电路

光栅式光电转换元件把位移转换成电压信号 U_o 后，经过放大与整形电路将光电元件的电压信号 U_o 进行放大整形，转换成方波信号，再经过辨向与细分电路转换成脉冲信号，最后经过可逆计数器计数后，通过数字显示电路实时地以数字形式显示出位移的大小，如图 7-8 所示。

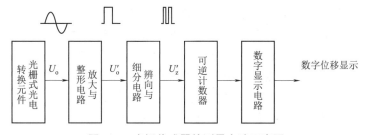

图 7-8　光栅传感器的测量电路示意图

3. 光栅传感器的测量原理

将长度与测量范围一致的主光栅固定在运动零件上，随零件一起运动，短的指示光栅与光电元件固定不动，如图 7-9（a）所示。

当两块光栅相对移动时，可以观测到莫尔条纹的光强的变化。设初始位置为接收亮带信号，随着光栅的移动，光强的变化由亮顺序进入半亮半暗、全暗、半暗半亮、全亮，光栅移动了一个栅距，莫尔条纹也经历了一个周期，移动了一个条纹间距，如图 7-9（b）所示。光强的变化需要通过光电转换电路转换为输出电压的变化，输出电压的变化曲线近似为正弦曲线。再通过后续的放大整形电路的处理，光强的变化就变成一个脉冲输出。运动零件的位移值就等于脉冲数与栅距的乘积。

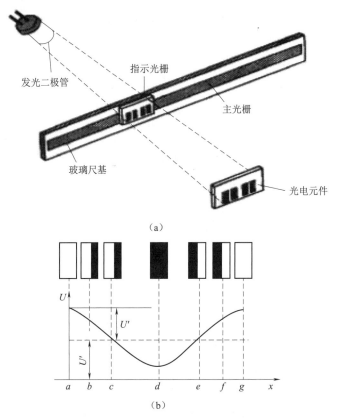

（a）

（b）

图 7-9　光栅传感器的测量原理示意图

4. 数控机床的线位移测量

根据光栅传感器的相关知识，数控机床的线位移测量可选用直线光栅位移传感器。将光源、透镜、指示光栅和光电元件固定在机床床身上，主光栅固定在机床的运动部件上，可往复移动。安装时，指示光栅和主光栅保证有一定的间隙，如图 7-10 所示。

当机床工作时，两光栅相对移动便产生莫尔条纹，该条纹随光栅以一定的速度移动，光电元件就检测到莫尔条纹亮度的变化，将其转换为周期性变化的电信号，通过后续放大、转换处理电路送入显示器，直接显示被测位移的大小。

光栅位移传感器的光源一般为钨丝灯泡或发光二极管；光电元件为光电池或光敏三

极管。

　　光栅位移传感器的安装比较灵活，可安装在机床的不同部位，如图 7-11 所示。一般将主光栅（标尺）安装在机床的工作台（滑板）上，随机床走刀而动，读数头固定在床身上。必须注意切屑、切削液及油液的溅落方向，尽可能使读数头安装在主光栅的下方。如果由于安装位置限制，读数头必须采用朝上的方式安装时，则必须增加辅助密封装置。

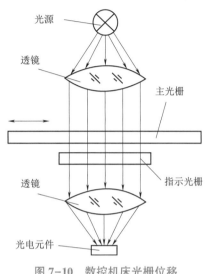

图 7-10　数控机床光栅位移
传感器结构示意图

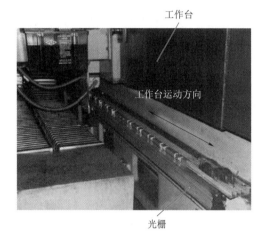

图 7-11　数控机床光栅位移
传感器的安装

任务2　光电编码器测角位移

任务引入

　　就电气控制而言，机床主轴的控制有别于机床伺服轴的控制。一般情况下，机床主轴的控制主要是速度控制，而机床伺服轴的控制主要是位置控制。机床主轴由电动机带动工作，机械测速的缺陷日益明显，其主要表现为直流测速电动机中的炭刷磨损和交流测速发电机中的轴承磨损，增加了设备的维护工作量，也随之增加了发生故障的可能性。随着电力电子技术的不断发展，电子脉冲测速已逐步取代机械测速，如可采用磁阻式、霍尔效应式、光电式等方式检测电动机转速。本任务针对机床主轴的转速检测要求，选用合适的光电编码器进行测速，并制定合适的安装、调试方案等。

学习要点

　　光电编码器是一种通过光电转换将输出轴上的机械几何位移转换成脉冲或数字输出的传感器。光电编码器由光源、透镜、随轴旋转的码盘、窄缝和光敏元件等组成，如图 7-12 所示。由于光电码盘与电动机同轴，电动机旋转时，码盘与电动机同速旋转，经发光二极管等电子元件组成的检测装置检测输出若干脉冲信号，通过计算每秒光电编码器输出脉冲的个数就能反映当前电动机的转速。光电编码器是一种数字式传感器。

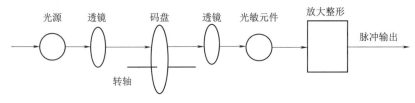

图 7-12　光电编码器的组成

光电编码器广泛应用于测量转轴的转速、角位移，丝杆的线位移等。它具有测量精度高、分辨率高、稳定性好、抗干扰能力强、便于与计算机接口、适宜远距离传输等特点。光电编码器按照它的码盘和内部结构的不同可分为增量式编码器和绝对式编码器两种。

7.2.1　增量式编码器

1. 增量式编码器的结构

增量式编码器是指随转轴旋转的码盘给出一系列脉冲，然后根据旋转方向用计数器对这些脉冲进行加减计数，以此来表示转过的角位移。增量式编码器的外形和结构如图 7-13 所示。

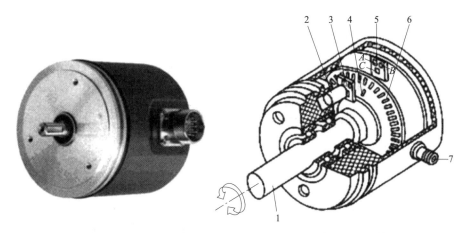

1—转轴；2—光源；3—光栅板；4，6—码盘；5—光敏元件；7—数字输出。

图 7-13　增量式编码器的外形和结构

（a）外形；（b）结构

光电码盘与转轴连在一起，码盘可用玻璃材料制成，表面镀一层不透光的金属铬，然后在边缘制成向心的透光狭缝。透光狭缝在码盘圆周上等分，数量从几百条到几千条不等。这样，整个码盘圆周就被等分成 n 个透光槽。增量式光电码盘也可用不锈钢薄板制成，然后在圆周边缘切割出均匀分布的透光槽。

2. 增量式编码器的工作原理

增量式编码器由主光栅码盘、鉴向盘、光学系统和光电变换器组成，如图 7-14（a）所示。在圆形的主光栅码盘（光电盘）周边上刻有节距相等的辐射状窄缝，形成均匀分布的透明区和不透明区。鉴向盘与主光栅码盘平行，并刻有 A、B 两组透明检测窄缝，它们彼此错开 1/4 节距，以使 A、B 两个光电变换器的输出信号在相位上相差 90°，输出信号波形如图 7-14（b）所示。

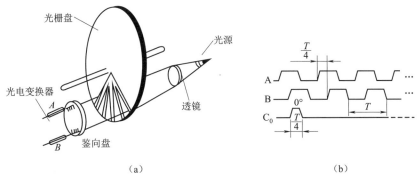

图 7-14　增量式编码器的结构和输出波形

（a）结构；（b）输出波形

增量式编码器的工作原理是由旋转轴转动带动径向有均匀窄缝的主光栅码盘旋转，在主光栅码盘的上面有与其平行的鉴向盘，在鉴向盘上有两条彼此错开 90°相位的窄缝，并分别由光敏二极管接收主光栅码盘透过来的信号。工作时，鉴向盘不动，主光栅码盘随转轴旋转，光源经透镜平行射向主光栅码盘，通过主光栅码盘和鉴向盘后，由光敏二极管接收相位差 90°的近似正弦信号，再由逻辑电路形成转向信号和计数脉冲信号。为了获得绝对位置角，增量式编码器有零位脉冲，即主光栅每旋转一周，输出一个零位脉冲，使位置角清零。利用增量式编码器可以检测电动机的位置和速度。

3. 旋转方向的判别

为了辨别码盘旋转方向，可以利用 A、B 两相脉冲来实现，如图 7-15 所示。光电元件 A、B 输出的信号经放大整形后，产生 P_1 和 P_2 脉冲。将它们分别接到 D 触发器的 D 端和 CP 端，由于 A、B 两相脉冲 P_1 和 P_2 相差 90°，D 触发器 FF 在 CP 脉冲（P_2）的上升

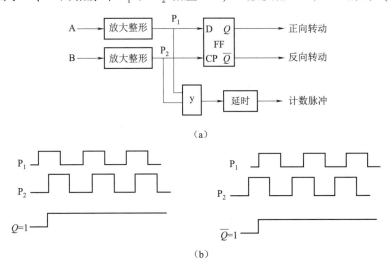

图 7-15　增量式编码器的辨向

（a）原理；（b）波形

沿触发。正转时，P_1 脉冲超前 P_2 脉冲，D 触发器的 $Q=1$ 表示正转；当反转时，P_2 超前 P_1 脉冲，D 触发器的 $Q=0$ 表示反转。可以用 Q 控制可逆计数器是正向计数还是反向计数，即可将光电脉冲变成编码输出。C 相脉冲接至计数器的复位端，实现码盘每转动一圈计数器复位一次。码盘无论正转还是反转，计数器每次反映的都是相对于上次角度的增量，故这种测量称为增量法。

4. 技术参数

在增量式编码器的使用过程中，其技术规格通常会有不同的要求，其中最关键的就是它的分辨率、精度、输出信号的稳定性、响应频率、信号输出形式。

1）分辨率

增量式编码器的分辨率是以编码器轴转动一周所产生的输出信号基本周期数来表示的，即脉冲数/转。码盘上的透光缝隙的数目就等于编码器的分辨率，码盘上刻的缝隙越多，编码器的分辨率就越高。此外，对光电转换信号进行逻辑处理，可以得到 2 倍频或 4 倍频的脉冲信号，从而进一步提高分辨率。

2）精度

精度是一种度量，它是指在选定的分辨率范围内，确定任一脉冲相对另一脉冲位置的能力。精度通常用角度、角分或角秒来表示。增量式编码器的精度与码盘透光缝隙的加工质量、码盘的制造精度有关，也与安装技术有关。

3）输出信号的稳定性

增量式编码器输出信号的稳定性是指在实际运行条件下，保持规定精度的能力。影响增量式编码器输出信号稳定性的主要因素是温度对电子元件造成的漂移、外界加于增量式编码器的变形力及光源特性的变化等。

4）响应频率

增量式编码器输出的响应频率取决于光电检测元件、电子处理线路的响应速度。当增量式编码器高速旋转时，如果其分辨率很高，那么增量式编码器输出的信号频率将会很高。增量式编码器的最大响应频率、分辨率和最高转速之间的关系为

$$f_{max}=\frac{R_{max}N}{60} \tag{7-2}$$

式中，f_{max} 是最大响应频率；R_{max} 是最高转速；N 是分辨率。

5）信号输出形式

在大多数情况下，直接从编码器的光电检测器件获取的信号电平较低，波形也不规则，还不能适应控制、信号处理和远距离传输的要求。因此，在编码器内还必须将此信号放大、整形。经过处理的输出信号一般近似于正弦波或矩形波。由于矩形波输出信号容易进行数字处理，所以这种输出信号在定位控制中得到广泛的应用。采用正弦波输出信号时，基本消除了定位停止时的振荡现象，并且容易通过电子内插方法，以较低的成本得到较高的分辨率。

增量式光电编码器的信号输出形式有集电极开路输出（Open Collector）、电压输出（Voltage Output）、线驱动输出（Line Driver Output）、互补型输出（Complemental Output）和推挽式输出（Totem Pole）。

5. 增量式编码器特点

通过以上分析可见，增量式编码器具有以下特点。

（1）当轴旋转时，增量式编码器有相应的脉冲输出，其旋转方向的判别和脉冲数量的增减通过外部的判向电路和计数器来实现。

（2）增量式编码器的计数起点可任意设定，并可实现多圈的无限累加和测量，还可以把每转发出一个脉冲的 C 信号作为参考机械零位。

（3）增量式编码器的转轴每转一圈都会输出固定的脉冲，输出脉冲数与码盘的刻度线相同。

（4）增量式编码器的输出信号为一串脉冲，每一个脉冲对应一个分辨角 α，对脉冲进行计数 N，就是对 α 的累加，即角位移 $\theta = \alpha N$。

（5）增量式编码器具有结构简单、体积小、价格低、精度高、响应速度快、性能稳定等优点，在高分辨率和大量程角速度或位移测量系统中，增量式编码器更具优越性。

7.2.2 绝对式编码器

绝对式编码器是把被测转角通过读取码盘上的图案信息直接转换成相应代码的检测元件。绝对式编码器有光电式、接触式和电磁式 3 种。

1. 绝对式光电编码器

绝对式光电编码器的码盘是目前应用较多的一种，它是在透明材料的圆盘上精确地印制二进制编码。图 7-16 所示为四位二进制的码盘，码盘上各圈圆环分别代表一位二进制的数字码道，在同一个码道上印制黑白等间隔图案，形成一套编码。黑色不透光区和白色透光区分别代表二进制的"0"和"1"。在一个四位光电码盘上，有 4 圈数字码道，每一个码道表示二进制的一位，里侧是高位，外侧是低位，在 360° 范围内可编数码数为 $2^4 = 16$ 个。

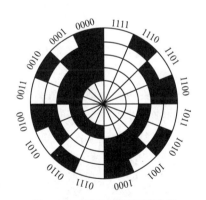

图 7-16　四位二进制的码盘

工作时，码盘的一侧放置电源，另一侧放置光电接收装置，每个码道都对应一个光电管及放大整形电路。码盘转到不同位置，光电元件接受光信号，并转成相应的电信号，经放大整形后，成为相应数码电信号。但由于制造和安装精度的影响，当码盘回转在两码段交替过程中，读数会产生误差。例如，当码盘顺时针方向旋转，由位置 0111 变为 1000 时，这四位数要同时都变化，可能将数码误读成 16 种代码中的任意一种，如读成 1111，1011，1101，…，0001 等，从而会产生无法估计的数值误差，这种误差称为非单值性误差。为了消除非单值性误差，可采用以下的方法。

1）循环码盘

循环码习惯上又称格雷码，它也是一种二进制编码，只有"0"和"1"两个数。图7-17所示为四位二进制循环码盘（或称格雷码盘）。循环码的特点是任意相邻的两个代码间只有一位代码有变化，即"0"变为"1"或"1"变为"0"。因此，在两数变换过程中，产生的读数误差最多不超过"1"，只可能读成相邻两个数中的一个数。所以，它是消除非单值性误差的一种有效方法。

2）带判位光电装置的二进制循环码盘

这种码盘是在四位二进制循环码盘的最外圈再增加一圈信号位。图7-18所示就是带判位光电装置的二进制循环码盘。该码盘最外圈上的信号位的位置正好与状态交线错开，只有当信号位处的光电元件有信号时才读数，这样就不会产生非单值性误差。

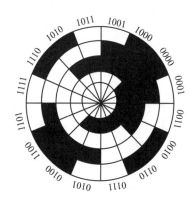

图7-17　四位二进制循环码盘

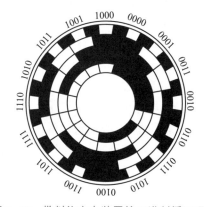

图7-18　带判位光电装置的二进制循环码盘

2. 绝对式接触编码器

绝对式接触编码器由码盘和电刷组成，适用于角位移测量，结构如图7-19（a）所示。码盘利用制造印制电路板的工艺，在铜箔板上制作某种码制（如BCD码、循环码等）图形的盘式印制电路板。电刷是一种活动触头结构，在外界力的作用下，旋转码盘时，电刷与码盘接触处就产生某种码制的数字编码输出。

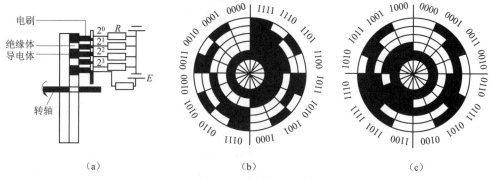

图7-19　绝对式接触编码器的码盘

（a）结构；（b）四位BCD码盘；（c）四位循环码盘

下面以四位二进制码盘为例，说明其工作原理和结构。图 7-19（b）是一个四位 BCD 码盘，涂黑处为导电区，将所有导电区连接到高电位 "1"；空白处为绝缘区，为低电位 "0"。4 个电刷沿着某一径向安装，四位二进制码盘上有 4 圈码道，每个码道有一个电刷，电刷经电阻接地。当码盘转动某一角度后，电刷就输出一个数码。码盘转动一周，电刷就输出 16 种不同的四位二进制数码。由此可知，二进制码盘所能分辨的旋转角度为 $\alpha = 360°/2^n$，若 $n = 4$，则 $\alpha = 22.5°$。位数越多，可分辨的角度越小，若取 $n = 8$，则 $\alpha = 1.4°$。当然，可分辨的角度越小，对码盘和电刷的制作和安装要求越严格。当 n 多到一定位数后（一般为 $n > 8$），这种码盘将难以制作。

对于 BCD 码盘，由于电刷安装不可能绝对精确，故其必然存在机械偏差，这种机械偏差会产生非单值性误差。例如，由二进制码 0111 过渡到 1000 时（电刷从 h 区过渡到 i 区），即由 7 变为 8 时，如果电刷进出导电区的先后不一致，此时就会出现 8~15 的某个数字。采用循环码制可以消除非单值性误差，其编码如表 7-1 所示，四位循环码盘如图 7-19（c）所示。由循环码的特点可知，即使制作和安装不准，产生的误差最多也只是最低位。因此，采用循环码盘比采用 BCD 码盘的准确性和可靠性要高得多。

表 7-1　电刷在不同位置时对应的数码

角度	电刷位置	二进制码（B）	循环码（R）	十进制数
0	a	0000	0000	0
1α	b	0001	0001	1
2α	c	0010	0011	2
3α	d	0011	0010	3
4α	e	0100	0110	4
5α	f	0101	0111	5
6α	g	0110	0101	6
7α	h	0111	0100	7
8α	i	1000	1100	8
9α	j	1001	1101	9
10α	k	1010	1111	10
11α	l	1011	1110	11
12α	m	1100	1010	12
13α	n	1101	1011	13
14α	o	1110	1001	14
15α	p	1111	1000	15

3. 绝对式电磁编码器

在数字式传感器中，绝对式电磁编码器是近年发展起来的一种新型电磁敏感元件，它是随着绝对式编码器的发展而发展起来的。绝对式编码器的主要缺点是对潮湿气体和污染敏感，且可靠性差，而绝对式电磁编码器不易受尘埃和结露影响，同时其结构简单紧凑，可高速运转，响应速度快（可达 500~700 kHz），体积比绝对式编码器小，成本更低，且易将多个元件精确地排列组合，比用光学元件和半导体磁敏元件更容易构成新功能器件和多功能器件。绝对式电磁编码器的输出不仅具有一般编码器仅有的增量信号及指数信号，还具有绝对信号输出功能。因此，尽管目前大多数情况下采用光学编码器，但毫无疑问地，在未来的运动控制系统中，绝对式电磁编码器的应用将越来越广。

通过以上分析可见，绝对式编码器具有以下特点。

（1）绝对式编码器按照角度直接进行编码，能直接把被测转角用数字代码表示出来。当轴旋转时，被测角度的位置发生变化，其对应的代码（如二进制码、循环码、BCD 码）输出。从代码大小的变更，即可判别正反方向和转轴所处的位置，而无须判向电路。

（2）绝对式编码器具有一个绝对零位代码。当停电或关机后，再开机重新测量时，绝对式编码器仍然可以准确读出停机或关机位置的代码，并准确的找出零位代码。

（3）一般情况下，绝对式编码器的测量范围为 0°~360°。

（4）绝对式编码器的标准分辨率用位数 2^n 表示，即最小分辨率角为 $360°/2^n$。

（5）当绝对式编码器的进给数大于一转时，要用减速齿轮将两个以上的编码器连接起来，组成多级检测装置，因而结构复杂、成本高。

7.2.3 光电编码器测速

在电动机控制中，可以利用定时器/计数器配合光电编码器的输出脉冲信号来测量电动机的转速。具体的测速方法有 M 法、T 法和 M/T 法 3 种。

1. M 法

M 法又称为测频法，其测速原理是在规定的检测时间 T_c 内，对光电编码器输出的脉冲信号进行计数，原理如图 7-20 所示。这种方法测量的是平均速度，设编码器每转产生 N 个脉冲，则在闸门时间间隔 T_c 内得到 m_1 个脉冲，则角编码器所产生的脉冲频率 f 为

$$f = \frac{m_1}{T_c} \tag{7-3}$$

被测转速 n（单位为 r/min）为

$$n = 60\frac{f}{N} = 60\frac{m_1}{T_c N} \tag{7-4}$$

M 法测速适用于测量高转速，因为在给定的光电编码器线数 N 及检测时间 T_c 的条件下，转速越高，计数脉冲 m_1 越大，误差也就越小。

2. T 法

T 法也称为测周法，通过测量编码器两个相邻脉冲的时间间隔来计算转速，原理如图 7-21 所示。这种方法测量的是瞬时转速，设编码器每转产生 N 个脉冲，用已知频率为 f 的时钟脉冲向计数器发送脉冲，此计数器由编码器产生的两个相邻脉冲控制其开始和结束。若计数器的读数为 m_2，则被测转速 n(r/min) 为

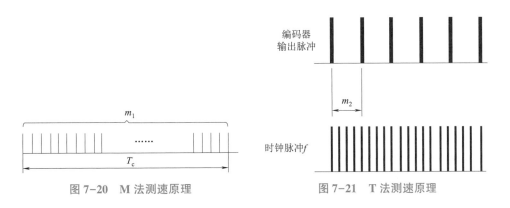

图 7-20 M 法测速原理   图 7-21 T 法测速原理

$$n = 60\frac{f}{Nm_2} \tag{7-5}$$

为了减小误差，希望尽可能记录较多的脉冲数，因此 T 法测速适用于低速运行的场合。但转速太低，一个编码器输出脉冲的时间太长，时钟脉冲数会超过计数器最大计数值而产生溢出；另外，时间太长也会影响控制的快速性。与 M 法测速一样，选用线数较多的光电编码器可以提高对电动机转速测量的快速性与精度。

3. M/T 法

M/T 法是前两种方法的结合，通过测量一定数量的编码器脉冲和产生这些脉冲所花的时间来确定被测转速，原理如图 7-22 所示。设编码器每转产生 N 个脉冲，被测速脉冲数为 m_1，计数器的读数为 m_2，则被测转速 $n(\text{r/min})$ 为

$$n = 60\frac{f}{N} \cdot \frac{m_1}{m_2} \tag{7-6}$$

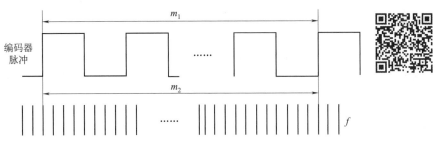

图 7-22 M/T 法测速原理

可见，M/T 法兼有 M 法和 T 法的优点，在高速段和低速段均可获得较高的分辨率。对采用增量式检测装置的伺服系统（如增量式光电编码器），因为输出信号是增量值（一串脉冲），断电后控制器就失去了对当前位置的记忆。因此，每次开机启动后要回到一个基准点，然后从这里算起，从而记录增量值，这一过程称为回参考点。

项目实施

请完成表 7-2 所示的项目工单。

表 7-2 项目工单

任务名称	光栅尺测距	组别	组员:

一、任务描述

熟练使用光栅尺,完成测量任务。

二、技术规范(任务要求)

1)光栅尺的使用方法

安装、调整、操作、校准过程的注意事项。

2)光栅尺使用的注意事项

(1)光栅尺传感器与数显表插头座插拔时,应关闭电源后进行。

(2)尽可能外加保护罩,并及时清理溅落在尺上的切屑和油液,严格防止任何异物进入光栅尺传感器壳体内部。

(3)定期检查安装的各连接螺钉是否松动。

(4)为延长防尘密封条的寿命,可在密封条上均匀涂一薄层硅油,注意勿溅落在玻璃光栅刻划面上。

(5)为保证光栅尺传感器使用的可靠性,可每隔一定时间用乙醇、水混合液(各50%)清洗擦拭光栅尺面及指示光栅面,保持玻璃光栅尺面清洁。

(6)光栅尺传感器严禁剧烈振动及摔打,以免破坏光栅尺,如果光栅尺断裂,则光栅尺传感器即失效。

(7)不要自行拆开光栅尺传感器,更不能任意改动主栅尺与副栅尺的相对间距,否则一方面可能破坏光栅尺传感器的精度,另一方面还可能造成主栅尺与副栅尺的相对摩擦,损坏铬层也就损坏了栅线,从而造成光栅尺报废。

(8)应注意防止油污及水污染光栅尺面,以免破坏光栅尺线条纹分布,引起测量误差。

(9)光栅尺传感器应尽量避免在有严重腐蚀作用的环境中工作,以免腐蚀光栅铬层及光栅尺面,破坏光栅尺质量。

三、计划(制订小组工作计划)

工作流程	完成任务的资料、工具或方法	人员安排	时间分配	备注

四、决策(确定工作方案)

(1)小组讨论、分析、阐述任务完成的方法、策略,确定工作方案。

(2)教师指导、确定最终方案。

五、实施(完成工作任务)

工作步骤	主要工作内容	完成情况	问题记录

六、检查(问题信息反馈)

反馈信息描述	产生问题的原因	解决问题的方法

续表

七、评估（基于任务完成的评价）

（1）小组讨论，自我评述任务完成情况、出现的问题及解决方法，小组共同给出改进方案和建议。

（2）小组准备汇报材料，每组选派一人进行汇报。

（3）教师对各组完成情况进行评价。

（4）整理相关资料，完成评价表。

任务名称			姓名	组别	班级	学号	日期
考核内容及评分标准			分值	自评	组评	师评	均分
三维目标	素质	自主学习、合作学习、团结互助等	25				
	认知	任务所需知识的掌握与应用等	40				
	能力	任务所需能力的掌握与数量等	35				
加分项	收获（10分）	你有哪些收获（借鉴、教训、改进等）：	你进步了吗?			加分	
			你帮助他人进步了吗?				
	问题（10分）	发现问题、分析问题、解决方法、创新之处等：				加分	
总结与反思						总分	

八、拓展（基于本任务延伸的知识与能力）

九、备注（需要注明的内容）

指导教师评语：

任务完成人签字：　　　　　　　　　　　日期：　　年　　月　　日

指导教师签字：　　　　　　　　　　　　日期：　　年　　月　　日

项目小结

（1）光栅是一种数字式位移检测元件，其结构原理简单，测量范围大而且精度高，广泛应用于高精度机床和仪器的精密定位或长度、速度、加速度、振动等方面的测量。

（2）光栅的种类很多，在检测技术中使用的是计量光栅。计量光栅按应用范围不同有透射光栅和反射光栅两种；按用途不同有测量线位移的长光栅和测量角位移的圆光栅；按光栅的表面结构不同，又可分幅值（黑白）光栅和相位（闪耀）光栅。

（3）光栅是在透明的玻璃上刻有大量相互平行、等宽而又等间距的刻线。这些刻线有透明的和不透明的，或者是对光反射的和对光不反射的，刻制的光栅条纹密度一般为每毫米 25、50、100、250 条等。

（4）光栅传感器主要由光源、透镜、光栅副（主光栅和指示光栅）和光电接收元件等组成。光源主要是供给光栅传感器工作所需的光能，它有单色光和普通白光两种，通常采用钨丝灯泡或半导体发光器件。透镜主要是将光源发出的点光转换成平行光，通常采用单个凸透镜。光栅副主要由主光栅和指示光栅组成，是光栅传感器的核心部分，其精度决定整个光栅传感器的精度。

（5）光电编码器是一种通过光电转换将输出轴上的机械几何位移转换成脉冲或数字输出的传感器。光电编码器由光源、透镜、随轴旋转的码盘、窄缝和光敏元件等组成。

（6）光电编码器广泛应用于测量转轴的转速、角位移，丝杆的线位移等。它具有测量精度高、分辨率高、稳定性好、抗干扰能力强、便于与计算机接口、适宜远距离传输等特点。光电编码器按照它的码盘和内部结构的不同可分为增量式编码器和绝对式编码器两种。

（7）在电动机控制中，可以利用定时器/计数器配合光电编码器的输出脉冲信号来测量电动机的转速。具体的测速方法有 M 法、T 法和 M/T 法 3 种。

知识拓展

光栅数显表应用

光栅具有测量精度高等一系列优点，若采用不锈钢反射式光栅，测量范围可达数十米，而且信号抗干扰能力强，因此它在国内外受到广泛重视和推广，但必须注意防尘防振问题。近年来，我国设计、制造了很多光栅式测量长度和角度的计量仪器，并成功地将光栅作为数控机床的位置检测元件，用于精密机床和仪器的精密定位，长度检测，速度、振动和爬行的测量等。

1. 轴环式光栅数显表

光栅数显表能显示技术处理后的位移数据，并给数控加工系统提供位移信号。ZBS 型轴环式光栅数显表的外形如图 7-23（a）所示，其主光栅用不锈钢圆薄片制成，可用于角位移的测量。

定片（指示光栅）被固定，动片（主光栅）可与外接旋转轴相连并转动。动片表面均匀地制出 500 条透光条纹，如图 7-23（b）所示，定片为圆弧形薄片，在其表面刻有两组透光条纹（每组 3 条），定片上条纹与动片上的条纹成一个角度 θ，两组条纹分别与两组红外发光二极管和光敏三极管相对应。当动片旋转时，其产生莫尔条纹亮暗信号，并由第一个光敏三极管接收正弦信号，第二个光敏三极管接收余弦信号，经整流电路处理后，两者仍保持相差 1/4 周期的相位关系。再经过细分及辨向电路，根据运动的方向来控制可逆计数器做加法或减法计数，测量电路如图 7-23（c）所示。测量显示的零点由外部复位开关完成。

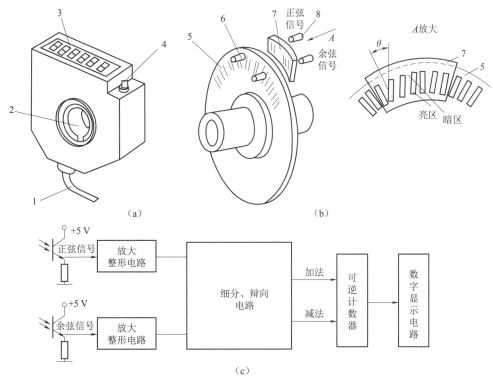

1—电源线（+5 V）；2—短路环；3—数字显示表；4—复位开关；
5—主光栅；6—红外发光二极管；7—指示光栅；8—光敏三极管。

图 7-23　ZBS 型轴环式光栅数显表
（a）外形；（b）内部结构；（c）测量电路

轴环式光栅数显表具有体积小、安装方便、读数直观、工作稳定、可靠性好、抗干扰能力强、性价比高等优点，适用于中小型机床的进给或定位测量，也适用于老机床的改造。

2. 光栅数显表在机床上的应用

光栅数显表在机床进给运动中的应用如图 7-24 所示。在机床操作过程中，用数字显示方式代替了传统的标尺刻度读数，大大提高了加工精度和加工效率。以横向进给为例，光栅读数头固定在工作台上，尺身固定在床鞍上，当工作台沿着床鞍左右运动时，工作台移动的位移（相对值/绝对值）可通过数字显示装置显示出来。同理，床鞍前后移动的位移可按同样的方法来处理。

微机光栅数显表的组成如图 7-25 所示。在微机光栅数显表中，放大整形电路采用传统的集成电路，辨向、细分功能可由微机来完成。

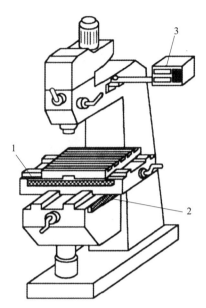

1—横向进给位置光栅检测；2—纵向进给位置光栅检测；3—数字显示装置。

图 7-24 光栅数显表在机床进给运动中的应用

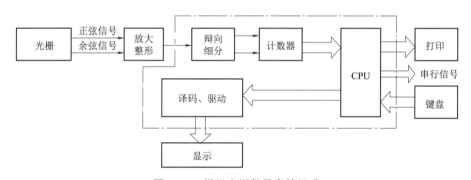

图 7-25 微机光栅数显表的组成

习题与思考

1. 简述光栅的基本概念和应用范围。
2. 简述光栅的种类有哪些。
3. 简述光栅传感器主要由哪些部分组成。
4. 简述光电编码器的基本概念和组成。
5. 简述光电编码器的工作原理及应用。
6. 简述光电编码器在数控机床中的应用。

项目 8　环境参数的检测

项目引入

在快节奏生活的今天，环境污染越来越严重，环境问题已成为人们关注的焦点。

在日常生活和生产活动中，经常接触的各种各样的气体直接关系到人们的生命和财产安全，对有害气体或可燃性气体进行有效的检测和控制尤其重要。例如，化工生产中气体成分的检测与控制，煤矿瓦斯浓度的检测与报警，环境污染情况的监测，煤气泄漏、火灾报警、燃烧情况的检测与控制等。

冬天，我国北方采用火炉或暖气取暖，室内空气被加热会导致室内相对湿度降低。在这种环境中居住，人易患呼吸道疾病和出现口干、唇裂、流鼻血等现象。相对湿度过低，还会导致木材水分散失，引起家具或木质地板变形、开裂和损坏；钢琴、提琴等对湿度要求高的乐器不能正常使用；文物、档案和图书脆化、变形。相对湿度过高，又易使室内家具、衣物、地毯等织物生霉，铁器生锈，电子器件短路，地毯、壁纸发生静电现象，对人体有刺激，甚至诱发火灾。由此可见，湿度检测越来越重要。

在工业方面，超声波应用广泛。过去，许多技术因无法探测到物体组织内部而受到阻碍，如经常会使用各种密闭容器来储存高温、有毒、易挥发、易燃、易爆、强腐蚀性等液体介质，对这些容器的液位检测必须使用非接触式测量。超声波对液体、固体的穿透本领很强，尤其在不透明的固体中，可穿透几十米。超声波碰到杂质或分界面会产生显著的反射回波，碰到活动物也能产生多普勒效应，因此广泛地应用在工业、国防、生物医药等方面。超声波液位传感器就属于非接触式测量方式的一种，可以避免其直接与液体接触，避免液体对传感器探头损坏，并且反应速度快。

因此，本项目的任务主要包括气敏传感器、湿敏传感器和超声波传感器。

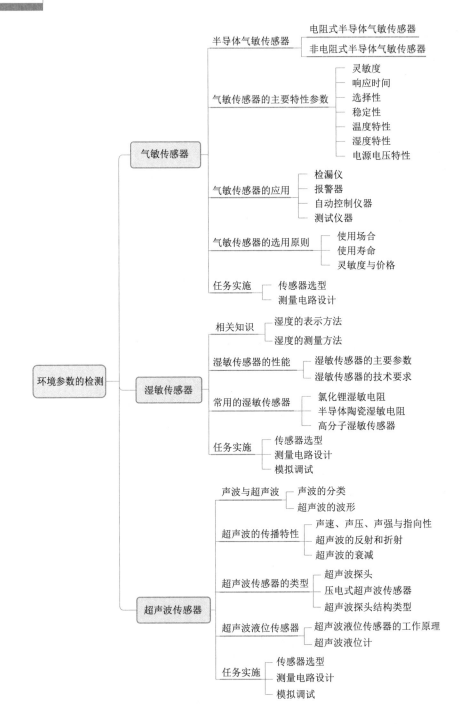

知识目标

（1）了解气敏传感器、湿敏传感器和超声波传感器的分类。

（2）理解气敏传感器、湿敏传感器和超声波传感器的基本原理。

（3）熟悉气敏传感器、湿敏传感器和超声波传感器的用途。

（4）能够进行传感器应用原理的分析。

能力目标

（1）能够根据环境检测要求选择合适的传感器进行测量电路设计。

（2）能制作气体、湿度、液位物理量的检测报警电路并调试。

素养目标

（1）培养面对世界的大局意识、全局意识、宏观意识。

（2）培养面对客观世界的求真精神。

（3）培养创新能力和逻辑思维能力。

任务1 气敏传感器

任务引入

近年来，城市下水道淤泥积淀，造成下水道堵塞，因此在暴雨等恶劣天气下，城市路面大面积积水，严重影响了人们的出行。目前，污泥大部分由人工清除。但是，井下或管道的环境恶劣，垃圾沉淀发生化学反应，产生大量的有毒气体，很多没有采取防护措施的工人下井后就发生中毒事故，有时还会造成人员伤亡。

本任务要求设计有毒气体检测装置，用于检测管道或井窖的气体情况，当遇到有毒或者可燃气体时，该装置就会发出声光报警，这时工人就可以采取相应的防护措施，以保障自身的安全。

学习要点

气体检测所用到的传感器实际上是指能对气体进行定性或定量检测的气敏传感器。气敏材料与气体接触后会发生相互的化学或物理作用，导致某些特性参数的改变，包括质量、电参数、光学参数等。气敏传感器就是利用这些材料作为敏感元件，把被测气体种类、浓度、成分等信息的变化转换成电信号的变化，经测量电路处理后进行检测、监控和报警。常见的气敏传感器如图8-1所示。

根据气敏材料、气敏材料与气体相互作用的机理和效应不同，可将气敏传感器主要分为半导体式、接触燃烧式、电化学式、热导率变化式、红外吸收式等类型。气敏传感器主要类型及其特性如表8-1所示。

图 8-1　常见的气敏传感器

表 8-1　气敏传感器主要类型及其特性

类型	原理	检测对象	特点
半导体式	气体接触到加热的金属氧化物（SnO_2、FeO_3、ZnO_2 等），气敏元件的电阻就会增大或减小	还原性气体、城市排放的气体、丙烷等	灵敏度高，构造与电路简单，使用方便，费用低，把气体浓度转换为电量输出，稳定性好，寿命长
接触燃烧式	可燃性气体接触到氧气就会燃烧，使作为气敏元件的铂丝温度升高，电阻相应增大	可燃性气体	输出的电量与浓度成比例，结构简单，但寿命较短，灵敏度较低
电化学式	化学溶剂与气体反应，使电流、颜色、电导率发生变化	CO、H_2、CH_4、SO_2 等	气体选择性好，但不能重复使用
热导率变化式	根据热传导率差而放热的发热元件温度的降低进行检测	与空气热传导率不同的气体、H_2	结构简单，但灵敏度低，选择性差
红外吸收式	通过红外线照射气体分子产生谐振时的吸收或散射量进行测量	CO、CO_2、NO_x 等	能定性测量，但装置大，价格较贵

由于半导体气敏传感器具有灵敏度高、响应快、使用方便、稳定性好、寿命长等优点，应用极其广泛。下面主要介绍半导体气敏传感器。

8.1.1　半导体气敏传感器

半导体气敏传感器是利用半导体材料与气体接触时，半导体电阻和功能函数发生变化的效应来检测气体成分或浓度的传感器。按照半导体变化的物理性质，半导体气敏传感器可分为电阻式和非电阻式两种。

1. 电阻式半导体气敏传感器

电阻式半导体气敏传感器是利用气敏半导体材料吸收可燃性气体的烟雾，如氢气、一氧化碳、烷、醚，以及天然气、沼气等时，会发生还原反应，放出热量，使元件温度相应增高，电阻发生变化，从而将气体的成分和浓度转换成电信号进行检测和报警的传感器。

气敏元件的材料多采用氧化锡和氧化锌等较难还原的氧化物。一般在气敏元件材料内也会掺入少量的铂等贵金属作为催化剂，以便提高检测的选择性。常用的气敏元件有3种结构类型：烧结型、薄膜型和厚膜型。

1）烧结型

烧结型气敏元件的制作方法是将敏感材料（SnO_2、InO等）及掺杂剂（Pt、Pb）按照一定的配比用水或黏合剂调和，经研磨后均匀混合，再用传统制陶的方法进行烧结。这种元件一般分为内热式和旁热式两种结构，如图8-2所示，多用于检测还原性气体、可燃性气体和液化蒸气。

内热式气敏元件管芯体积较小，加热丝直接埋在金属氧化物半导体材料内，兼作一个测量电极，其结构如图8-2（a）所示。该类器件的优点是：制作工艺简单、成本低、功耗小，可在高回路电压下使用，可制成价格低廉的可燃性气体泄漏报警器。国内的QN型、MQ型及日本的TGS#109型气敏元件均是此结构。其缺点是：容量小，易受环境气流的影响，测量电路和加热电路之间无电气隔离，相互影响，加热丝在加热和不加热状态下会产生胀缩，容易造成材料的接触不良。

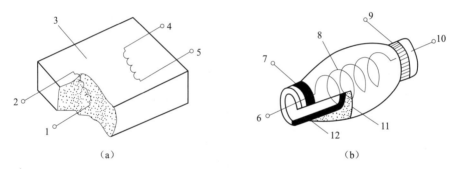

1，2，4，5，6，7，9，10—电极；3，11—烧结体；8—加热丝；12—陶瓷绝缘管。

图8-2　烧结型气敏元件的结构

（a）内热式气敏元件结构；（b）旁热式气敏元件结构

旁热式气敏元件的管芯是在陶瓷管内放置高阻加热丝，在瓷管外涂梳状金属电极，再在金属电极外涂气敏半导体材料，其结构如图8-2（b）所示。这种结构形式克服了内热式气敏元件的缺点，其测量电极与加热丝分开，加热丝与气敏元件不发生接触，避免电路之间的相互影响，元件的热容大，降低了环境气体对元件的影响，同时保持了材料结构的稳定性。

2）薄膜型

薄膜型气敏元件是在绝缘衬底（如石英晶片）上蒸发或溅射上一块氧化物半导体薄膜（厚度一般为数微米）制成的，其结构如图8-3所示。

这种结构的气敏元件具有机械强度较高、产量高、成本低等优点，缺点是性能与工艺条件和薄膜的物理化学状态有关，故各元件间一致性较差。

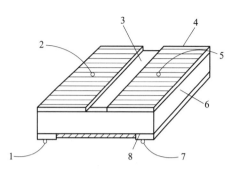

1，2，5，7—引线；3—半导体；4—电极；6—绝缘基片；8—加热器。

图 8-3　薄膜型气敏元件的结构

3）厚膜型

此类型气敏元件一般是将半导体氧化物粉末、添加剂、黏合剂和载体混合配成浆料，再用丝网印刷的方法将浆料印在基片上，形成厚度为数微米到数十微米的厚膜，如图 8-4 所示。用厚膜工艺制作的元件，其灵敏度与烧结型气敏元件相当，机械强度较高，一致性较好，适宜批量生产，是一种很有前途的元件。

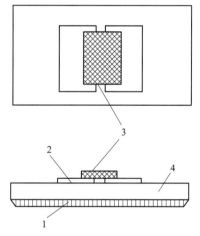

1—加热器；2—电极；3—气敏电阻；4—基片。

图 8-4　厚膜型气敏元件的结构

上述 3 种形式的气敏元件都附有加热器，目的是烧去附在元件表面的油污和尘埃，以加速气体的吸附，从而提高气敏元件的灵敏度和响应速度。气敏元件工作时，一般要加热到 200~400 ℃，具体要视被测气体而定。

2. 非电阻式半导体气敏传感器

非电阻式半导体气敏传感器也是利用 MOS 管的电容-电压特性的变化以及阈值电压变化等特性而制成的气敏传感器。由于这类传感器的制造工艺成熟，便于元件集成化，因而其性能稳定，价格便宜。利用特定材料还可以使气敏传感器对某些气体特别敏感。

8.1.2 气敏传感器的主要特性参数

1. 灵敏度

灵敏度（S）是气敏元件的一个重要参数，标志着气敏元件对气体的敏感程度，决定了气敏传感器的测量精度，用气敏元件阻值变化量 ΔR 与气体浓度变化量 ΔP 之比来表示，即 $S=\Delta R/\Delta P$；灵敏度的另一种表示方法是气敏元件在空气中的阻值 R_0 与在被测气体中的阻值 R 之比，用 K 表示，即 $K=R_0/R$。

2. 响应时间

从气敏元件与被测气体接触，到气敏元件的阻值达到新的恒定值所需要的时间称为响应时间。它表示气敏元件对被测气体浓度的反应速度。

3. 选择性

在多种气体共存的条件下，气敏元件区分气体种类的能力称为选择性。对某种气体的选择性好，就表示气敏元件对它有较高的灵敏度。选择性是气敏元件的重要参数，也是目前较难解决的问题之一。

4. 稳定性

当气体浓度不变时，若其他条件发生变化，在规定的时间内气敏元件输出特性维持不变的能力称为稳定性。稳定性表示气敏元件对于气体浓度以外的各种因素的抵抗能力。

5. 温度特性

气敏元件灵敏度随温度变化的特性称为温度特性。温度有元件自身温度与环境温度之分，这两种温度对灵敏度都有影响。元件自身温度对灵敏度的影响相当大，解决这个问题的措施之一就是采用温度补偿。

6. 湿度特性

气敏元件的灵敏度随环境湿度变化的特性称为湿度特性。湿度特性是影响检测精度的另一个因素，解决这个问题的措施之一就是采用湿度补偿。

7. 电源电压特性

气敏元件的灵敏度随电源电压变化的特性称为电源电压特性。为改善这种特性，要采用恒压源。

8.1.3 气敏传感器的应用

按照用途，利用半导体气敏传感器可以制成以下仪器。

1. 检漏仪

检漏仪（或称为探测器）是利用气敏传感器的气敏特性，将其作为气-电转换元件，再配以相应的电路、指示仪表或声光显示部分而组成的气体探测仪器。此类仪器一般要求有高灵敏度。

2. 报警器

报警器是对泄漏的气体达到限定值时能自动进行报警的仪器。

3. 自动控制仪器

自动控制仪器是利用气敏传感器的气敏特性来实现电气设备自动控制的仪器，如换气扇自动换气控制等。

4. 测试仪器

测试仪器是利用气敏传感器对不同气体具有不同的浓度特性（元件电阻-气体浓度关系）来测量、确定气体种类和浓度的仪器。此种仪器对气敏传感器的性能有较高的要求，且测试部分要有高精度测量电路。

8.1.4　气敏传感器的选用原则

气敏传感器种类较多，使用范围较广，其性能差异大，在工程应用中，应根据具体的使用场合、要求进行合理选择。

1. 使用场合

气体检测主要分为工业和民用两种情况，不管是哪一种使用场合，气体检测的主要目的都是实现安全生产，保护生命和财产的安全。就其应用目的而言，主要有3个方面：测毒、测爆和其他检测。测毒主要是检测有毒气体的浓度，以免工作人员中毒；测爆则是检测可燃性气体的含量，超标则报警，避免发生爆炸事故；其他检测主要是为了避免间接伤害，如检测司机酒后驾车的酒精浓度检测。

因每一种气敏传感器对不同的气体敏感程度不同，即只能对某些气体实现更好的检测，故在实际应用中，应根据检测的气体不同选择合适的气敏传感器。

2. 使用寿命

不同气敏传感器因其制造工艺不同，寿命不尽相同，针对不同的使用场合和检测对象，应选择相对应的气敏传感器。例如，一些安装不太方便的场所，应选择使用寿命比较长的气敏传感器。光离子传感器的寿命为4年左右，电化学特定气敏传感器的寿命为1~2年，氧气传感器的寿命为1年左右。

3. 灵敏度与价格

灵敏度反映了气敏传感器对被测对象的敏感程度，一般来说，灵敏度高的气敏传感器，其价格也贵，在具体使用中要均衡考虑。在价格适中的情况下，尽可能地选用灵敏度高的气敏传感器。

8.1.5　任务实施

1. 传感器选型

根据任务要求，主要是有毒气体检测，按照表8-1，确定采用低功耗、高灵敏的QM-N10气敏传感器，它和电位器 R_P 组成气敏检测电路，气敏检测信号从 R_P 的中心端旋臂取出。这类传感器具有灵敏度高、构造与电路简单、使用方便、费用低、直接将气体浓度转换为电量输出、稳定性好、寿命长等优点。

2. 测量电路设计

气敏传感器可用于检测环境中某种特定气体（特别是可燃性气体）的成分、浓度等。如图8-5所示，其是一种管道有毒气体监测报警电路，R_P 为用于设置有毒气体浓度报警阈值电位的滑动电阻。QM-N10是气敏传感器，它是N型半导体元件，其内部有一个加热丝和一对探测电极。当空气中不含有毒气体或毒气浓度很低时，A、B 两点间电阻很大，流过 R_P 的电流很小，B 点的电位为低电平，达林顿管 U850 不导通；若含有毒气体或毒气浓度达到一定值时，A、B 两点间电阻迅速下降，R_P 上流过的电流突然增加，B 点电位升高，向电容 C_2 充电，直到使 U850 导通，驱动集成芯片 KD9561 发声报警；当有毒气体浓度下降到使 A、B 两点间恢复到高电阻时，B 点电位降低，U850 截止，报警消除。

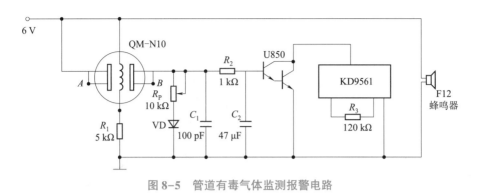

图 8-5　管道有毒气体监测报警电路

任务 2　湿敏传感器

任务引入

　　湿度的检测与控制在工业、农业、气象、医疗及日常生活中的地位越来越重要。例如，许多储物仓库在湿度超过某一程度时，物品易发生变质。在农业生产中的温室育苗、食用菌培养、水果保鲜等都需要对湿度进行检测和控制。

　　现代化农业生产中，蔬菜大棚作为一种反季节种植和提高产量的重要手段，越来越受到人们的关注。其中，湿度作为大棚环境中的主要参数之一，对它的检测及控制显得尤为重要。蔬菜大棚湿度控制的好坏，关系到植物的生长，并对培育新的育苗起着关键作用。本任务主要研究将蔬菜大棚湿度控制在 70%RH 左右，要求当湿度低于 70%RH 时，喷灌装置工作；湿度达到或超过 70%RH 时，喷灌装置停止工作。

学习要点

　　有关湿度的测量，早在 16 世纪就有记载。许多古老的测量仪器，如干湿球温度计、毛发湿度计和露点计等至今仍被广泛使用。现代工业技术要求高精度、高可靠性和连续测量湿度，因而陆续出现了种类繁多的湿敏传感器，按其输出的电学量可分为电阻式、电容式、频率式等；按其探测功能可分为相对湿度、绝对湿度、结露和多功能 4 种；按其使用材料可分为陶瓷式、有机高分子式、半导体式、电解质式等。

8.2.1　相关知识

1. 湿度的表示方法

　　湿度是指大气中的水蒸气含量，通常用绝对湿度、相对湿度、露点等表示。

1）绝对湿度

　　绝对湿度是指单位体积气体中所含水蒸气的含量，单位为 kg/m^3，其表达式为

$$H_a = \frac{m_V}{V} \tag{8-1}$$

式中，H_a 为绝对湿度；m_V 为待测气体中水蒸气的质量；V 为待测气体的总体积。

2）相对湿度

相对湿度为待测气体中的水蒸气分压（p_V）与相同温度下水的饱和蒸气压（p_W）的百分比，即

$$H_r = \left(\frac{p_V}{p_W}\right)_T \times 100\% \qquad (8-2)$$

H_r 是一个无量纲的值，通常用 "%RH" 表示相对湿度。当温度和压力变化时，因饱和水蒸气变化，所以，即使气体中水蒸气气压相同，其相对湿度也会发生变化。绝对湿度给出空气内水分的具体含量，而相对湿度则指出了大气的潮湿程度，日常生活中所说的空气湿度，实际上就是指相对湿度。

3）露点

在一定大气压下，将含水蒸气的空气冷却，当降到某温度时，空气中的水蒸气达到饱和状态，开始从气态变成液态而凝结成露珠，这种现象称为结露，此时的温度称为露点或露点温度。如果这一特定温度低于 0 ℃，水蒸气将凝结成霜，此时称其为霜点。通常对两者不予区分，统称为露点，其单位为℃。

2. 湿度的测量方法

通常将空气或其他气体中的水分含量称为湿度，将固体物质中的水分含量称为含水量。湿度的检测方法主要有绝对测湿法、相对测湿法和毛发湿度计法等。固体中的含水量可用下列方法检测。

1）称重法

将被测物质烘干前、后的质量 G_H、G_D 测出，则含水量 W 为

$$W = \frac{G_H - G_D}{G_H} \times 100\% \qquad (8-3)$$

这种方法很简单，但烘干需要时间，检测的实时性差，而且有些产品不能采用烘干法。

2）电导法

固体物质吸收水分后电阻变小，用测定电阻率或电导率的方法便可判断其含水量。例如，用专门的电极安装在生产线上，可以在生产过程中得到含水量数据。但要注意，被测物质的表面水分与内部含水量不一致，电极应设计成测量纵深部位电阻的形式。

3）电容法

水的介电常数远大于一般干燥固体物质，因此用电容法测含水量相当灵敏，造纸厂的纸张含水量便可用电容法测量。由于电容法是由极板间的电场线贯穿被测介质的，所以表面水分引起的误差较小。至于电容的测定，可用交流电桥、谐振电路及伏安法等。

4）红外吸收法

水分对波长为 1.94 μm 的红外线吸收较强，并且可用几乎不被水分吸收的 1.81 μm 波长红外线作为参照。由上述两种波长的滤光片对红外光进行轮流切换，根据被测物体对两种波长的红外光能量吸收的比值，便可判断含水量。

检测元件可用硫化铅光敏电阻，但应使光敏电阻处在 10~15 ℃ 的某一温度下，为此要用半导体制冷器维持恒温。这种方法也常用于造纸工业的连续生产线。

5）微波吸收法

水分对波长在 1.36 cm 附近的微波有显著吸收现象，而植物纤维对此波段的吸收是水的几十分之一，利用这一原理可制成测木材、烟草、粮食、纸张等物质中含水量的仪表。微波吸收法要注意被测物料的密度和温度对检测的影响，采用这种方法的设备在构造上稍微复杂一些。

8.2.2 湿敏传感器的性能

1. 湿敏传感器的主要参数

1）感湿特性

感湿特性是指湿敏传感器的输出量（或称感湿特征量）与被测环境湿度之间的关系。常用感湿特征量和相对湿度的关系曲线来表示，如图 8-6 所示。不同材料的感湿特性不同，图中下面的曲线比上面的曲线感湿特性好。

2）测湿量程

测湿量程是指湿敏传感器能以规定的精度测量的最大范围。由于各种湿敏传感器所采用的功能材料以及其工作所依据的物理效应和化学反应各不相同，故往往只能在一定的湿度范围内才有可供实用的感湿特性和所要求的测量精度。

3）灵敏度

由于大多数湿敏传感器的感湿特性曲线是非线性的，在不同的湿度范围内，其曲线具有不同的斜率。常用感湿特性曲线的斜率来定义灵敏度，即灵敏度是输出量增量与输入量增量之比，它反映被测湿度发生单位值变化时所引起的感湿特征量的变化程度。

目前，普遍以不同环境湿度下感湿特征量之比来表示湿敏元件的灵敏度。如果感湿特征量为电阻，以 $R1\%$、$R20\%$、$R40\%$、$R60\%$、$R80\%$、$R100\%$ 分别表示相对湿度为 1%、20%、40%、60%、80%、100% 时湿敏元件的电阻，湿敏元件的灵敏度一般规定为相对湿度为 1% 时电阻与以上各相对湿度时的电阻之比，即 $R1\%/R1\%$、$R1\%/R20\%$、$R1\%/R40\%$、$R1\%/R60\%$、$R1\%/R80\%$、$R1\%/R100\%$。

4）湿滞特性

湿度传感器在吸湿过程和脱湿过程中吸湿与脱湿曲线不重合，而是一个环形回线，这一特殊性就是湿滞特性，如图 8-7 所示。

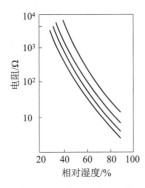

图 8-6　感湿特性曲线

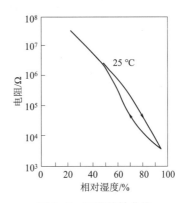

图 8-7　湿滞特性曲线

5）响应时间

当环境湿度改变时，湿敏传感器完成吸湿（或脱湿）及动态平衡（感湿特征量达到稳定值）过程所需要的时间，称为响应时间。一般以起始湿度和终止湿度这一变化区间90%的相对湿度变化所需时间来计算。典型的 K_2O-Fe_2O_3 湿敏元件的响应特性曲线如图8-8所示。

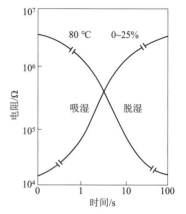

图 8-8　典型的 K_2O-Fe_2O_3 湿敏元件的响应特性曲线

6）感湿温度系数

当环境湿度恒定时，温度每变化1 ℃时所引起的湿敏传感器感湿特征量的变化量，称为感湿温度系数。

7）电压特性

由于直流电压会造成水分子的电解，导致电导率随时间下降，因此测试电压应采用交流电压。湿敏传感器的电压特性是指感湿特征量与外加交流电压的关系。当所加交流电压较大时，被电解的水分子会产生较大热量，进而对湿敏传感器的特性产生较大影响。

2. 湿敏传感器的技术要求

为保证测量精度，湿敏传感器要具备以下技术要求：

（1）使用寿命长，长期工作的稳定性好；

（2）测量温、湿使用范围宽，湿度和温度系数小；

（3）灵敏度高，感湿特性线性度好；

（4）湿滞回差小；

（5）响应速度快，时间短；

（6）一致性和互换性好，制造工艺简单，易于批量生产，测量电路简单，成本低廉；

（7）能在恶劣环境（如腐蚀、低温、高温等）下工作。

8.2.3　常用的湿敏传感器

1. 氯化锂湿敏电阻

湿敏电阻的基片上覆盖一层用感湿材料制成的膜，当空气中的水蒸气吸附在感湿膜上时，电阻率和电阻值都发生变化，利用这一特性即可测量湿度。氯化锂（LiCl）湿敏电阻的结构如图8-9所示，由引线、基片、感湿膜与金属电极组成。

氯化锂湿敏电阻利用物质吸收水分子而使电导率发生变化，从而检测湿度。在氯化锂溶液中，Li 和 Cl 以正、负离子的形式存在，锂离子（Li^+）对水分子的吸收力强，离子水合程度高，溶液中的离子导电能力与溶液浓度成正比，溶液浓度增加，电导率上升。当溶液置于一定温湿场中时，若环境 RH 上升，溶液吸收水分子而浓度下降，电阻率 ρ 上升，反之 RH 下降，电阻率 ρ 下降。通过测量溶液电阻 R，实现对湿度的测量。氯化锂湿敏电阻分梳状和柱状两种形式，如图8-10所示。

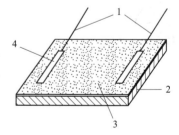

1—引线；2—基片；
3—感湿膜；4—金属电极。

图 8-9　氯化锂湿敏电阻的结构

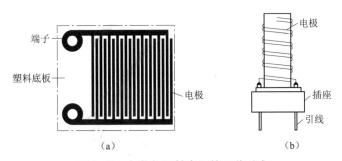

图 8-10　氯化锂湿敏电阻的两种形式

（a）梳状氯化锂湿敏电阻；（b）柱状氯化锂湿敏电阻

氯化锂湿敏电阻的优点是滞后小，不受测试环境的影响，检测精度可达±5%，但其耐热性差，不能用于露点以下测量，性能的重复性不理想，使用寿命短。它适合空调系统使用。

2. 半导体陶瓷湿敏电阻

半导体陶瓷湿敏电阻通常用两种以上的金属氧化物半导体在高温 1 300 ℃下烧结成多孔陶瓷。其一般分为两种：一种材料的电阻率随湿度增加而下降，称为负特性半导体陶瓷湿敏电阻，如 $MgCr_2O_4$-TiO_2；另一种材料的电阻率随湿度的增加而增大，称为正特性半导体陶瓷湿敏电阻，如 Fe_3O_4。下面介绍其典型品种。

1）$MgCr_2O_4$-TiO_2 湿敏电阻

在诸多的金属氧化物陶瓷材料中，由 $MgCr_2O_4$-TiO_2 固溶体组成的多孔性半导体陶瓷是性能较好的湿敏材料，是负特性半导体陶瓷。它的表面电阻率能在很宽的范围内随着湿度的变化而变化，而且能在高温条件下进行反复的热清洗，性能仍保持不变，其结构如图 8-11 所示。

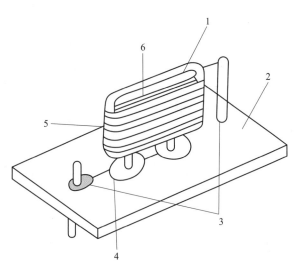

1—感湿陶瓷；2—陶瓷基片；3—镀镁丝引线；4—短路环；5—加热清洗线圈；6—金属电极。

图 8-11　$MgCr_2O_4$-TiO_2 湿敏电阻的结构

$MgCr_2O_4$-TiO_2 湿敏电阻的气孔大部分为粒间气孔，气孔直径随 TiO_2 添加量的增加而增大，平均气孔直径在 $100 \sim 300$ nm。粒间气孔与颗粒大小无关，可看作一种开口毛细管，容易吸附水分。

半导体陶瓷湿敏电阻具有较好的热稳定性，较强的抗沾污能力，能在恶劣、易污染的环境中测得准确的湿度数据等优点。另外，其测湿范围宽，基本上可以实现全湿范围内的湿度测量，且工作温度高，常温湿敏电阻的工作温度在 $150 \,℃$ 以下，而高温湿敏电阻的工作温度可达 $800 \,℃$。同时，它还具有响应时间短、精度高、工艺简单、成本低等优点。因此，半导体陶瓷湿敏电阻在实际运用中占有很重要的位置。

2）ZnO-Cr_2O_3 湿敏电阻

ZnO-Cr_2O_3 湿敏电阻的结构是将多孔材料的电极烧结在多孔陶瓷圆片的两表面，并焊上铂引线，然后将敏感元件装入有网眼过滤的方形塑料盒中，并用树脂固定，其结构如图 8-12 所示。

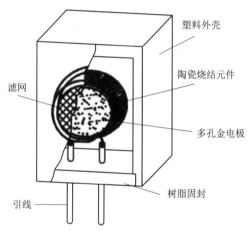

图 8-12 ZnO-Cr_2O_3 湿敏电阻的结构

ZnO-Cr_2O_3 湿敏电阻能连续稳定地测量湿度，而无须加热除污装置，因此功耗低于 0.5 W，体积小，成本低，是一种常用的测试传感器。

3）Fe_3O_4 湿敏电阻

Fe_3O_4 湿敏电阻由基片、电极和感湿膜组成，其结构如图 8-13 所示。基片材料选用滑石瓷，表面粗糙度为 $Ra10 \sim 11 \,\mu m$，该材料吸水率低、机械强度高、化学性能稳定。基片上制作一对梳状金属电极，最后将预先配制好的 Fe_3O_4 胶体液涂覆在梳状金属电极的表面，进行热处理和老化。

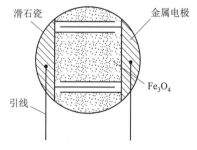

图 8-13 Fe_3O_4 湿敏电阻的结构

Fe_3O_4 胶体之间的接触呈凹状，粒子间的空隙使薄膜具有多孔性。当空气相对湿度增大时，Fe_3O_4 膜吸湿，由于水分子的附着，强化颗粒之间的接触，降低颗粒间的电阻和增加更多的导流通路，所以阻值减小。当其处于干燥环境中时，Fe_3O_4 膜脱湿，颗粒间接触面减小，阻值增大。当环境温度不同时，涂覆膜上所吸附的水分也随之变化，使梳状金属电极之间的电阻产生变化。

Fe_3O_4 湿敏电阻在常温、常湿下性能比较稳定，有较强的抗结露能力，测湿范围广，有较为一致的湿敏特性和较好的温度-湿度特性，但有较明显的湿滞现象，响应时间长。

3. 高分子湿敏传感器

用有机高分子材料制作的湿敏传感器，主要是利用其吸湿性与胀缩性。利用某些高分子电介质吸湿后，介电常数明显改变的特性，制成了电容式湿敏传感器；利用某些高分子电介质吸湿后，电阻明显改变的特性，制成了电阻式湿敏传感器；利用胀缩性高分子（如树脂）材料和导电粒子吸湿后的开关特性，制成了结露传感器。

8.2.4 任务实施

本任务主要是对大棚湿度的检测与控制。考虑到成本和广大种植户技术水平的实际，力求成本最低、使用维护方便。本方案通过简单的检测控制电路，实现湿度的检测与浇水的自动控制。系统电路由电源电路、湿度检测电路、比较控制电路、浇水控制电路和振荡电路等组成，如图 8-14 所示。

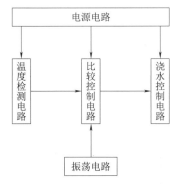

图 8-14　系统电路设计框图

1. 传感器选型

不同环境的湿度测量应选用不同的湿敏传感器。例如，当环境温度在 $-40 \sim 70$ ℃时，可采用高分子湿敏传感器和陶瓷湿敏传感器；当超过 70 ℃时，使用陶瓷湿敏传感器。在干净的环境通常使用高分子湿敏传感器；在污染严重的环境则使用陶瓷湿敏传感器。为了使传感器准确稳定地工作，还要附加自动加热清洗装置。根据使用环境和控制要求，选用 MS01 型硅湿敏电阻进行环境湿度的检测。

硅湿敏电阻是在主体材料硅粉中掺入五氧化二矾、氧化钠等金属氧化物混料研磨后，涂覆在制备有金属电极的电阻瓷体上，高温烧结而成。它具有体积小、寿命长、抗水性好、阻值变化范围大、响应时间短、抗污染能力强等优点，适用于农田小气候和蔬菜大棚内的湿度测量，以及仓储粮食水分的遥测，还适合在加湿器或一般湿度检测与控制电路中作为抗恶劣环境的感湿探头。

2. 测量电路设计

根据控制要求分析，所设计的湿度自动检测与控制参考电路如图 8-15 所示。

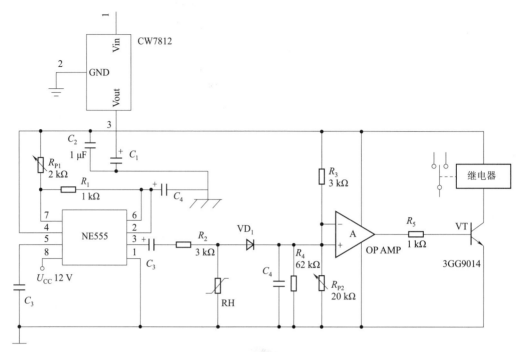

图 8-15　湿度自动检测与控制参考电路

集成稳压器 CW7812 的 3 脚输出 12 V 的直流电压，该电压加入 NE555 振荡器，产生约 200 Hz 的振荡波，由 NE555 的 3 脚输出，输出的振荡波加在湿敏传感器 RH 上。由于 RH 的电阻随环境的湿度变化而起伏变化，即 RH 上分得的电压也随之发生变化。此电压经 VD_1、C_4、R_4 检波网络接入比较器的正相输入端，与基准电压进行比较。基准电压可通过调节 R_{P2} 进行设定，基准电压 $U = 4.5$ V，即设定控制的相对湿度为 70%。当相对湿度在 70% 以下时，正相输入端的信号高于比较电路的反相输入端的基准电压，比较器输出转成高电平，使 VT 饱和导通，继电器通电吸合，电磁阀自动打开，浇水开始。当相对湿度达到 70% 以上时，正相输入端的信号低于比较电路的基准电压，即高于设定的相对湿度，比较器输出转成低电平，使 VT 截止，继电器断电，电磁阀自动关阀，浇水停止。

3. 模拟调试

（1）按照图 8-15，将各元件焊接到实验板上，并检查正确性。

（2）在室温环境下，调节电位器 R_{P2} 设定基准电压 $U = 4.5$ V，即设定控制的相对湿度为 70%。

（3）用酒精棉球靠近湿敏电阻，观察继电器是否吸合；过一会儿，当酒精挥发后，观察继电器是否断开，以此来定性分析电路的正确性。

（4）用加湿器对环境进行加湿，用标准湿度检测仪检测环境湿度，观察控制电路能否在规定的相对湿度进行动作，以检查其控制的精度。

任务 3 超声波传感器

任务引入

近年来，我国液化石油气市场发展很快，家用、商用和工业用气量持续增加，大小液化石油气储配站遍布各地，储存罐的数量也越来越多，单罐容积也有增大的趋势。在油气生产中，特别是在油气集输储运系统中，石油、天然气与伴生污水要在各种生产设备和罐器中分离、储存与处理，液位的测量与控制，对于保证正常生产和设备安全是至关重要的，否则会产生重大的事故。

针对液化气罐密闭，储存液体易燃、易爆、强腐蚀等特点，一般采用非接触测量法进行液位的检测，本任务中采用超声波液位传感器进行测量。

学习要点

超声波技术是一门以物理、电子、机械及材料学为基础，各行各业都使用的通用技术之一。它是通过超声波产生、传播及接收这个物理过程来完成的。超声波检测就是利用不同介质的不同声学特性对超声波传播产生影响，从而进行探查和测量的一门技术。超声波在液体、固体中衰减很小，穿透能力强，特别是对不透光的固体，超声波能穿透几十米的厚度。当超声波从一种介质入射到另一种介质时，由于在两种介质中的传播速度不同，其在介质面上会产生反射、折射和波形转换等现象。超声波的这些特性使它在检测技术中获得了广泛的应用，如超声波无损探伤、厚度测量、流速测量、超声显微镜及超声成像等。

8.3.1 声波与超声波

1. 声波的分类

声波是振动在弹性介质内的传播，称为波动（简称波）。声波的振动频率在 20 Hz ~ 20 kHz 为可闻声波；低于 20 Hz 的声波为次声波；高于 20 kHz 的声波为超声波。声波的频率界限划分如图 8-16 所示，频率在 $3 \times 10^8 \sim 3 \times 10^{11}$ Hz 的波，称为微波。

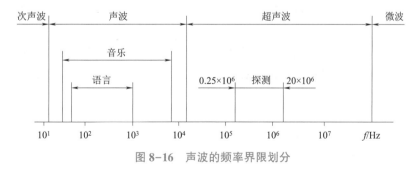

图 8-16 声波的频率界限划分

超声波不同于可闻声波，其波长短、绕射小，能够形成射线而定向传播，超声波在液体、固体中衰减很小，穿透能力强，特别是在固体中，超声波能穿透几十米的厚度。在碰到杂质或分界面，超声波就会产生类似于光波的反射、折射现象。正是超声波的这些特性使它在检测技术中获得广泛应用。

2. 超声波的波形

超声波为直线传播方式，频率越高，绕射能力越弱，但反射能力越强。声源在介质中的施力方向与波在介质中传播方向不同，超声波的波形也不同。超声波的波形主要有横波、纵波和表面波。

（1）横波：质点的振动方向垂于传播方向的波，如图8-17（a）所示，它只能在固体中传播。

（2）纵波：质点的振动方向与传播方向一致的波，如图8-17（b）所示，它能在固体、液体和气体中传播。

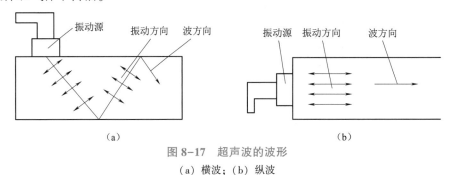

（a）   （b）

图 8-17 超声波的波形

（a）横波；（b）纵波

（3）表面波：质点的振动方向介于纵波与横波之间，沿着固体表面向前传播的波，如图8-18所示，它只能在固体中传播。

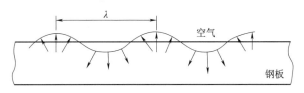

图 8-18 表面波

8.3.2 超声波的传播特性

1. 声速、声压、声强与指向性

1）声速

超声波可以在气体、液体及固体中传播，并有各自的传播速度，纵波、横波和表面波的传播速度取决于介质的弹性常数、密度及声阻抗。声阻抗 Z 为介质密度 ρ 与声速（波速）C 的乘积，即

$$Z = \rho C \tag{8-4}$$

其中，声速 C 恒等于声波的波长 λ 与频率 f 的乘积，即

$$C = \lambda f \tag{8-5}$$

常用材料的密度、声阻抗与声速如表8-2所示。

表 8-2　常用材料的密度、声阻抗与声速（环境温度为 0 ℃）

材料	密度 $\rho/$ ($\times 10^3$ kg·m^{-3})	声阻抗 $Z/$ ($\times 10^3$ MPa·s^{-1})	纵波声速 $C_L/$ (km·s^{-1})	横波声速 $C_B/$ (km·s^{-1})
钢	7.8	46	5.9	3.23
铝	2.7	17	6.32	3.08
铜	8.9	42	4.7	2.05
有机玻璃	1.18	3.2	2.73	1.43
甘油	1.26	2.4	1.92	—
水（20 ℃）	1.0	1.48	1.48	—
油	0.9	1.28	1.4	—
空气	0.001 3	0.000 4	0.34	—

在固体中，纵波、横波和表面波三者的声速有着一定的关系。通常横波的声速约为纵波声速的一半，表面波声速约为横波声速的 90%。例如，在常温下空气中的声速约为 334 m/s，在水中的声速约为 1 440 m/s，而在钢铁中的声速约为 5 000 m/s。声速不仅与介质有关，而且与介质所处的状态有关。

2）声压

当超声波在介质中传播时，质点所受交变压强与质点静压强之差称为声压 p。声压与介质密度 ρ、声速 C、质点的振幅 X 及振动的角频率 ω 成正比，即

$$p = \rho C X \omega \qquad (8-6)$$

3）声强

单位时间内，在垂直于声波传播方向上的单位面积 A 内所通过的声能称为声强 I，声强与声压的平方成正比，即

$$I = \frac{1}{2} \frac{p^2}{Z} \qquad (8-7)$$

4）指向性

超声波声源发出的超声波束是以一定的角度向外扩散的，如图 8-19 所示。在声源的中心轴线上声强最大，随着扩散角度的增大，声强逐步减小。半扩散角 θ、声源直径 D 及波长 λ 之间的关系为

$$\sin \theta = 1.22 \frac{\lambda}{D} \qquad (8-8)$$

设声源直径 $D = 20$ mm，射入钢板的超声波（纵波）频率为 5 MHz，则根据式（8-8）可得 $\theta = 4°$，可见该超声波的指向性是十分尖锐的。

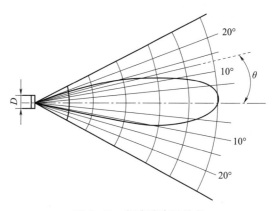

图 8-19　超声波束扩散角

2. 超声波的反射和折射

超声波从一种介质传播到另一种介质，在两种介质的分界面上，一部分超声波被反射，另一部分透射过界面，在另一种介质内部继续传播。这样的两种情况称为超声波的反射和折射，如图 8-20 所示。

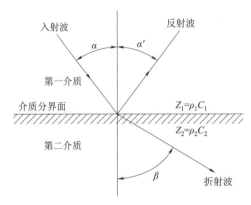

图 8-20　超声波的反射与折射

1）反射定律

由物理学可知，当超声波在界面上产生反射时，入射角 α 的正弦与反射角 α' 的正弦之比等于声速之比。超声波在同一介质内的传播速度相等，所以入射角 α 与反射角 α' 相等。

2）折射定律

当超声波在界面处产生折射时，入射角 α 的正弦与折射角 β 的正弦之比，等于入射波在第一介质中的声速 C_1 与折射波在第二介质中的声速 C_2 之比，即

$$\frac{\sin \alpha}{\sin \beta} = \frac{C_1}{C_2} \tag{8-9}$$

3. 超声波的衰减

超声波在介质中传播时，随着传播距离的增加，能量逐渐衰减，其衰减的程度与介质的密度、晶粒的粗细及超声波的频率等因素有关。晶粒越粗或密度越小，衰减越快；频率越高，衰减越快。气体的密度很小，因此衰减较快，尤其在频率高时，衰减更快。因此，在空气中传导的超声波的频率选得较低，为数千赫兹，而在固体、液体中则选较高频率的超声波。

8.3.3　超声波传感器的类型

1. 按工作原理分

超声波传感器是利用超声波的特性，实现自动检测的测量元件。为了以超声波作为检测手段，测量元件必须能产生超声波和接收超声波。完成这种功能的装置就是超声波传感器，又称为超声波探头。超声波传感器按其工作原理，可分为压电式、磁致伸缩式、电磁式等。下面介绍最为常用的压电式超声波传感器。

压电式超声波传感器是利用压电材料的压电效应原理来工作的。常用的压电材料主要有压电晶体和压电陶瓷。根据正、逆压电效应的不同，压电式超声波传感器分为接收器（接收探头）和发射器（发射探头）两种。利用正压电效应将接收的超声振动转换成压电信号，可作为接收器；而利用逆压电效应将高频电振动转换成高频机械振动，以产生超声

波，可作为发射器。

典型的压电式超声波传感器的结构如图 8-21 所示，主要由压电晶片、吸收块（阻尼块）、保护膜等组成。压电晶片多为圆板形，超声波频率与其厚度成反比。压电晶片的两面镀有银层，作为导电的极板，底面接地，上面接至引出线。为了避免传感器与被测件直接接触而磨损压电晶片，在压电晶片下黏合一层保护膜。吸收块的作用是降低压电晶片的机械品质，吸收超声波的能量。

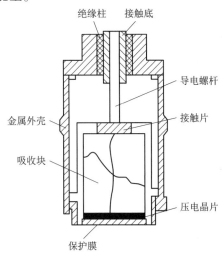

图 8-21　典型的压电式超声波传感器的结构

2. 按结构分

超声波传感器按其结构不同，又分为单晶直探头、双晶直探头和斜探头等多种类型。

1）单晶直探头

用于固体介质的单晶直探头（俗称直探头），如图 8-22（a）所示，压电晶片采用 PZT 压电陶瓷材料制作，外壳用金属制作，保护膜用于防止压电晶片磨损。保护膜可以用三氧化二铝（钢玉）、碳化硼等硬度很高的耐磨材料制作。吸收块用于吸收压电晶片背面的超声脉冲能量，防止杂乱反射波产生，提高分辨率。吸收块用钨粉、环氧树脂等浇注。

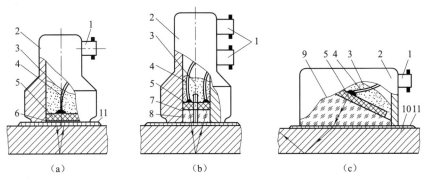

1—接插件；2—外壳；3—吸收块；4—引线；5—压电晶体；6—保护膜；
7—隔离层；8—延迟块；9—有机玻璃斜楔块；10—试件；11—耦合剂。
图 8-22　超声波传感器的结构类型
（a）单晶直探头；（b）双晶直探头；（c）斜探头

超声波的发射和接收虽然是利用同一块晶片，但时间上有先后之分，所以单晶直探头是处于分时工作状态，必须用电子开关来切换这两种不同的状态。

2）双晶直探头

双晶直探头由两个单晶直探头组合而成，装配在同一壳体内，如图8-22（b）所示。其中，一片晶片发射超声波，另一片晶片接收超声波。两晶片之间用一片吸声性能强、绝缘性能好的薄片加以隔离，使超声波的发射和接收互不干扰。略有倾斜的晶片下方还设置延迟块，它用有机玻璃或环氧树脂制作，能使超声波延迟一段时间后才入射到试件中，可减小试件接近表面处的盲区，提高分辨能力。双晶探头的结构虽然复杂些，但检测精度比单晶直探头高，且超声波信号的反射和接收的控制电路较单晶直探头简单。

3）斜探头

斜探头的压电晶片粘贴在与底面成一定角度（如30°、45°等）的有机玻璃斜楔块上，如图8-22（c）所示，压电晶片的上方用吸声性强的阻尼吸收块覆盖。当斜楔块与不同材料的被测介质（试件）接触时，超声波产生一定角度的折射，倾斜入射到试件中，折射角可通过计算求得，可产生多次反射，进而传播到较远处。

8.3.4　超声波液位传感器

1. 超声波液位传感器的工作原理

超声波液位传感器是利用超声波在两种介质分界面上的反射特性而制成的。如果从发射超声波开始，到接收换能器接收到反射波为止的这个时间间隔为已知，就可以求出分界面的位置，利用这种方法可以对液位进行测量。根据发射和接收换能器的功能，超声波液位传感器又可分为单换能器式和双换能器式。单换能器式超声波液位传感器发射和接收超声波均使用一个换能器，而双换能器式超声波液位传感器发射和接收各由一个换能器承担。

超声波液位传感器检测工作原理如图8-23所示。发射和接收换能器可设置在水中，如图8-23（a）所示，让超声波在液体中传播。由于超声波在液体中衰减比较小，因此，即使发射的超声波脉冲幅度较小，其也可以传播。发射和接收换能器也可以安装在液面上方，如图8-23（b）所示，让超声波在空气中传播，这种方式便于安装和维修，但超声波在空气中的衰减比较厉害。

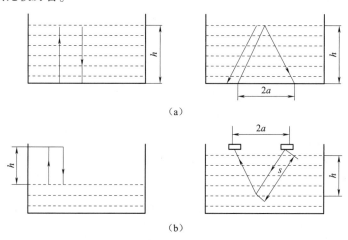

图8-23　超声波液位传感器检测工作原理

（a）发射和接收换能器设置在水中；（b）发射和接收换能器设置在液面上方

2. 超声波液位计

超声波液位计按传声介质不同，可分为气介式、液介式和固介式 3 种，如图 8-24 所示。

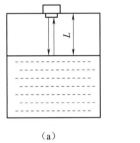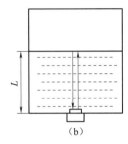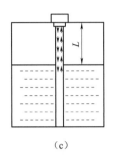

图 8-24　超声波液位计的形式

（a）气介式；（b）液介式；（c）固介式

超声波液位传感器具有精度高和使用寿命长的特点，但若液体中有气泡或液面发生波动，便会有较大的误差。

超声波液位测量的优点：与介质不接触，无可动部件，电子元件只以声频振动，振幅小，仪器寿命长；超声波传播速度比较稳定，光线、介质黏度、湿度、介电常数、电导率、热导率等对检测几乎无影响，因此适用于有毒、腐蚀性或高黏度等特殊场合的液位测量；不仅可进行连续测量和定点测量，还能方便地提供遥测或遥控信号；能测量高速运动或有倾斜晃动的液体液位，如置于汽车、飞机、轮船中的液位。

8.3.5　任务实施

1. 传感器选型

超声波传感器选型时要考虑被测物体的尺寸大小、外形，以及测量环境是否有振动、环境温度变化等因素。根据前面原理分析，结合本任务实际，选择气介式的单换能器式超声波传感器，型号选用 CSB40T。传感器探头安装在液罐上方，如图 8-25（a）所示。

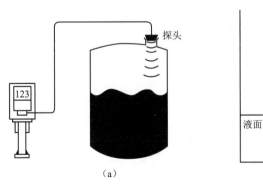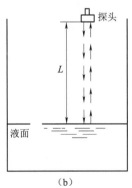

图 8-25　超声波液位检测

（a）实物安装；（b）原理

由图 8-25（b）看出，超声波传播距离为 L，传播速度为 v，传播时间为 Δt，则

$$L = \frac{1}{2}v\Delta t \tag{8-10}$$

由于 L 是与液位有关的量，故测出 L 便可知液位，一般是用接收到的信号触发门电路，然后对振荡器的脉冲进行计数，从而实现 L 的测量。

2. 测量电路设计

1）超声波发射模块设计

超声波发射器包括超声波产生电路和超声波发射控制电路两个部分，超声波探头可采用软件发生法和硬件发生法产生超声波。前者利用软件产生 40 kHz 的超声波信号，通过输出引脚输入至驱动器，再由驱动器驱动探头产生超声波。这种方法的特点是充分利用软件，灵活性好，但要设计一个驱动电流在 100 mA 以上的驱动电路。后者利用超声波专用发生电路或通用发生电路产生超声波信号，并直接驱动换能器产生超声波。这种方法的优点是无须驱动电路，但缺乏灵活性。

本任务选用硬件发生法产生超声波，电路设计如图 8-26 所示。40 kHz 的超声波是利用 555 时基电路组成的振荡器，通过调整 20 kΩ 电位器 R_p 产生的。

2）超声波接收模块设计

超声波接收器包括超声波接收探头、信号放大电路及波形变换电路 3 个部分。超声波接收探头必须采用与发射探头对应的型号，这里采用 CSB40R 型号，关键是频率要一致，否则将无法产生共振而影响接收效果，甚至无法接收。由于经探头变换后的正弦波电信号非常弱，因此必须经放大电路放大。

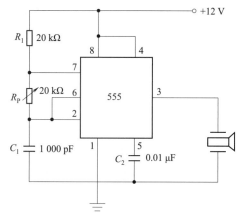

图 8-26　超声波发射电路设计

超声波在空气中传播时，其能量的衰减与距离成正比，即距离越近信号越强，距离越远信号越弱，通常在 1 mV～1 V。发送到液面及从液面反射回来的信号大小与液位有关，液位越高，信号越强；液位越低，信号越弱。因此，在接收电路中要对接收信号进行放大。由于输入信号的范围较大，因此，对放大电路的增益提出了两个要求：一是放大增益要大，以适应小信号时的需要；二是放大增益要能变化，以适应信号变化范围大的需要。超声波接收电路设计如图 8-27 所示。

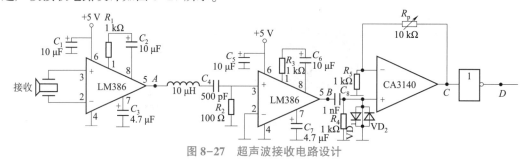

图 8-27　超声波接收电路设计

当没有发射超声波信号时，A、B、C 点的电位均为 0，D 点的电位是 1。当接收到超声波信号时，经过 LM386 放大，通过电感电容滤波，使只有 40 kHz 的信号通过，再经过 LM386 进行二次放大。当测量距离远时，二次放大的信号仍然太弱，所以还得进行三次放大。当测量距离近时，二次放大的信号就很强了，但由于第三级的输入电压不能太高，所以要用二极管 VD_1、VD_2 进行限幅。

3. 模拟调试

（1）按照图 8-27，将各元件焊接到实验板上，并检查正确性。

（2）模拟调试时选用带刻度玻璃瓶，以便于观察实际液位。用胶将超声波探头粘贴在玻璃瓶的正上方，使探头的指向与所测液位在同一直线上。

（3）接通电路电源，通过示波器测出 D 端输出信号的峰值时间差 Δt，通过式（8-10）计算出液位高度。

（4）改变液位高度，测量多组数据，将测量值与实际值进行对比分析，分析偏差原因并进行总结，加以改进。

知识拓展

1. 酒精检测报警器

酒后驾驶非常危险，酒精检测报警器作为检测工具得到交管部门的广泛使用。由于 SnO_2 气敏元件不仅对酒精敏感，而且对汽油、香烟也敏感，经常造成检测驾驶员是否饮酒的报警器发生误动作而不能普遍推广使用，因此，可以选用只对酒精敏感的 QM-NJ9 型酒精传感器。利用该传感器制成的酒精检测报警器，接触到酒精后，立即发出连续不断的"酒后别开车"的响亮语音报警，并切断车辆的点火电路，强制车辆熄火。该报警器既可以安装在各种机动车上用来限制驾驶员酒后驾车，又可以安装成便携式，供交通人员在现场使用，检测驾驶员是否酒后驾驶，具有很高的实用性。

酒精检测报警器电路如图 8-28 所示，它由气敏检测电路、控制开关 IC_2、语音报警器 IC_3、放大器 IC_4 等组成。当酒精气敏元件检测到酒精时，A、B 两点之间的内阻减小，使电位器 R_P 输出电压升高，其电压随检测到的酒精浓度增大而提高。当该电压达到 1.6 V 时，IC_2（TWH8778）控制开关导通，语音报警器 IC_3（TW801）发出报警语音信号，经 IC_4（LM386N）放大器放大后发出报警声。放大器同时驱动发光二极管闪光报警。与此同时，继电器 K 因通电工作，其常闭触点断开，切断汽车点火回路，强制发动机熄火，使车辆无法起动，达到控制司机酒后开车的目的。

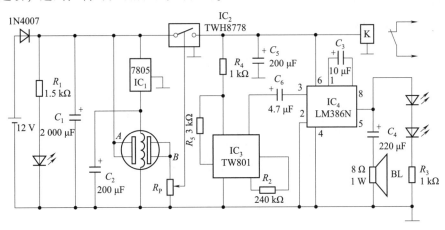

图 8-28　酒精检测报警器电路

2. 家用煤气（CO）安全报警器

家用煤气（CO）安全报警器电路如图8-29所示。它由两部分构成，一部分是煤气报警电路，在浓度达到危险界限前产生报警；另一部分是开放式负离子发生器电路，其作用是自动产生空气负离子，使煤气中的主要有害成分一氧化碳与空气负离子中的臭氧 O_3 反应，生成对人体无害的二氧化碳。

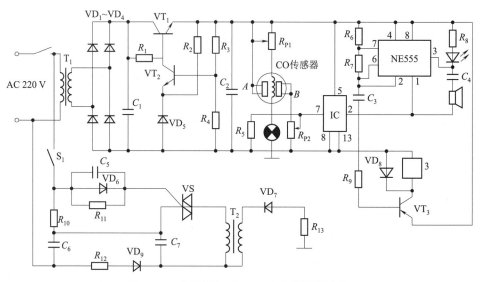

图8-29　家用煤气（CO）安全报警器电路

煤气报警电路包括电源电路、气敏检测电路、电子开关电路和声光报警电路。开放式负离子发生器电路由 $R_{10} \sim R_{13}$、$C_5 \sim C_7$、$VD_5 \sim VD_7$、VS 及 T_2 组成。减少 R_{12} 的电阻值可使负离子浓度增加。

3. 火灾烟雾报警器

火灾烟雾报警器电路如图8-30所示，其中109号为烧结型 SnO_2 气敏元件，它对烟雾也很敏感，因此用它制成的火灾烟雾报警器可用于在火灾酿成之前进行报警。电路有双重报警装置，当烟雾或可燃性气体达到预定报警浓度时，气敏元件的电阻减小到使 VD_3 触发导通，蜂鸣器鸣响报警。另外，在火灾发生初期，环境温度异常升高，将使热传感器动作，使蜂鸣器鸣响报警。

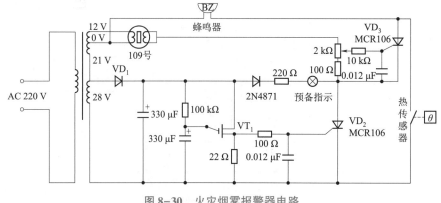

图8-30　火灾烟雾报警器电路

4. 浴室镜面水汽清除器

当浴室的湿度达到一定程度时，镜面会结露，表面形成一层雾气，这就要安装镜面水汽清除器，其主要由电热丝、结露传感器、控制电路等组成，如图 8-31 所示。

浴室镜面水汽清除器电路如图 8-32 所示，图中 B 为 HDP-07 结露传感器，用来检测浴室内空气中的水汽。VT_1 和 VT_2 组成施密特电路，它根据结露传感器感知水汽后的阻值变化，实现两种稳定的状态。当玻璃镜面周围空气湿度变低时，结露传感器阻值变小，约为

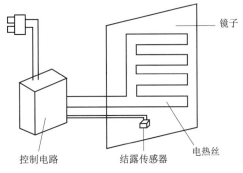

图 8-31　浴室镜面水汽清除器的组成

2 kΩ，此时 VT_1 的基极电位约为 0.5 V，VT_2 的集电极为低电位，VT_3、VT_4 截止，双向晶闸管不导通。如果湿度增加，结露传感器的阻值增大到 50 kΩ，则 VT_1 导通，VT_2 截止，其集电极电位为高电位，VT_3、VT_4 均导通，触发晶闸管 VS 导通，加热丝通电，使玻璃镜面加热。随着镜面温度逐步升高，镜面水汽被蒸发，从而使镜面恢复清晰。加热丝在加热的同时，指示灯 VD_2 点亮。调节 R_1 的阻值，可以使加热丝在确定的某一相对湿度条件下开始加热。

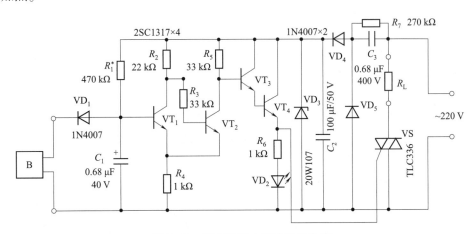

图 8-32　浴室镜面水汽清除器电路

5. 其他参数测量

1）测厚度

脉冲回波法测量试件厚度如图 8-33 所示。超声波探头与被测试件某一表面相接触，由主控制器产生一定频率的脉冲信号，送往发射电路，经电流放大后加在超声波探头左边的压电晶片上，从而激励超声波探头产生重复的超声波脉冲。脉冲波传到被测试件另一表面后反射回来，被超声波探头右边的压电晶片接收。若已知超声波在被测试件中的传播速度为 v，试件厚度为 d，脉冲波从发射到接收的时间间隔 Δt 可以测量，则可求出被测试件厚度为

$$d = \frac{v\Delta t}{2} \tag{8-11}$$

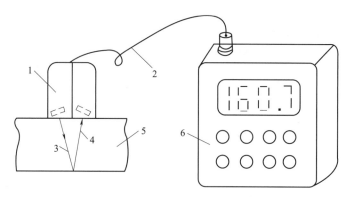

1—双晶直探头；2—引线电缆；3—入射波；4—反射波；5—试件；6—显示仪表。

图 8-33　脉冲回波法测量试件厚度

用超声波传感器测量零件厚度，具有测量精度高、操作安全简单、易于读数、能实现连续自动检测、测试仪器轻便等诸多优点。但是，对于声衰减很大的材料，以及表面凹凸不平或形状极不规则的零件，利用超声波实现厚度测量比较困难。

2）测流量

超声波传感器的测定原理是多样的，如传输时间差法、传播速度变化法、波速移动法、贝塞尔效应法、流动听声法等。目前应用较广的主要是传输时间差法。

时间差法需要使用两个超声波传感器：一个作为发射器；另一个作为接收器。发射器将超声波发射到管道内，接收器则接收并测量超声波传输的时间。超声波传感器是一种能够产生高频声波的电子设备，它利用振动晶体或者压电陶瓷板产生声波，并将这些声波传输到流体中，广泛应用在测距、流体流速测量、材料缺陷检测和医学成像领域。

超声波在流体中传输时，在静止流体和流动流体中的传输速度是不同的，利用这一特点可以求出流体的速度，再根据管道流体的截面积，便可知道流体的流量。

在实际应用中，超声波传感器安装在管道的外部，从管道的外面透过管壁发射和接收超声波不会给管路内流动的流体带来影响，原理如图 8-34 所示。

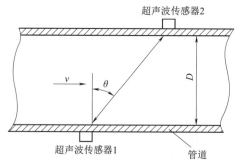

图 8-34　超声波传感器测流量原理

超声波传感器具有不阻碍流体流动的特点，可测的流体种类很多，不论是非导电的流体、高黏度的流体，还是浆状流体，只要是能传输超声波的流体都可以进行测量。超声波流量计可用于管道、农业灌渠、河流等流速的测量。

3）无损探伤

人们在使用各种材料（尤其是金属材料）的长期实践中，观察到大量的断裂现象，它曾给人类带来许多灾难事故，涉及舰船、飞机、轴类、压力容器、宇航器、核设备等。对缺陷的检测手段有破坏性试验和无损探伤。由于无损探伤以不损坏被检验对象为前提，所以其得到广泛应用。

无损探伤的方法有磁粉检测、电涡流、荧光染色渗透、放射线（X 光、中子）照相检测、超声波探伤等。其中，超声波探伤是目前应用十分广泛的无损探伤手段。它既可检测材料表面的缺陷，又可检测材料内部几米深的缺陷，这是 X 光探伤所达不到的深度。

超声波探伤是利用超声波入射被检工件内部，当遇到缺陷时，产生的发射回波或穿透波衰减，从而判断被检工件内部缺陷是否存在以及缺陷大小和位置。根据检测原理，超声波探伤分为穿透法探伤和反射法探伤。穿透法探伤是根据超声波穿透工件后能量的变化情况来判断工件内部质量；反射法探伤是根据超声波在工件中反射情况的不同来探测工件内部是否有缺陷。这里主要介绍常用的反射法探伤，反射法探伤根据超声波波形的不同又可分为纵波探伤、横波探伤和表面波探伤。

（1）纵波探伤。

纵波探伤采用直探头，如图 8-35 所示。检测时，将探头放置在被测工件上，并在工件表面来回移动，探头会发射超声波，并以垂直方向在工件内部传播。如果传播路径上没有缺陷，超声波到达底部便产生反射，荧光屏上便出现始波脉冲 T 和底部脉冲 B，如图 8-35（a）所示。如果工件有缺陷，一部分脉冲将会在缺陷处产生反射，另一部分继续传播到达工件底部产生反射，因而在荧光屏上除始波脉冲 T 和底部脉冲 B 外，还出现缺陷脉冲 F，如图 8-35（b）所示。荧光屏上水平扫描线为时基线，事先调整其长度与工件的厚度成正比，根据缺陷脉冲在扫描基线上的位置，便可确定缺陷在工件中的深度。

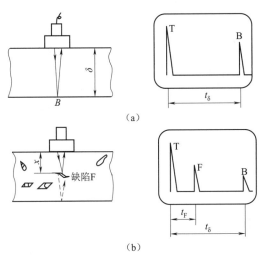

（a）

（b）

图 8-35　纵波探伤
（a）无缺陷；（b）有缺陷

（2）横波探伤。

当遇到纵深方向的缺陷时，采用直探头就很难真实反映缺陷的形状大小。此时，应采用斜探头探测，即横波探伤，如图 8-36 所示。控制倾斜角度，使斜探头发出的超声波以横波方式在工件的上下表面逐次反射传播，直至端面为止。横波探伤一般作为粗检，为准确探测缺陷性质、取向等，应采用不同的探头反复探测，这样才能较准确地描绘出缺陷的形状和大小。

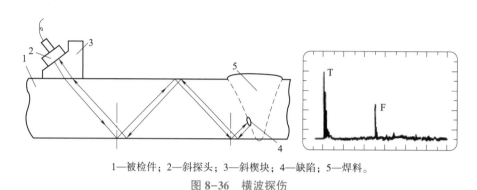

1—被检件；2—斜探头；3—斜楔块；4—缺陷；5—焊料。

图 8-36　横波探伤

（3）表面波探伤。

表面波探伤如图 8-37 所示，由于表面波是沿着工件表面做椭圆轨迹传播，且不受表面形状曲线的影响，当试件表面有缺陷时，表面波将沿表面反射回探头，因此，在显示器上显示缺陷信号。综合考虑 F 波的幅度及距离，就可以大致判断缺陷的大小。

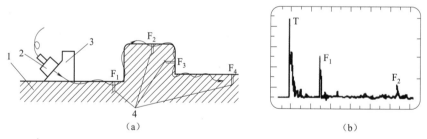

（a）　　　　　　　　　　　　　　　　　（b）

1—被检件；2—表面波探头；3—斜楔块；4—缺陷。

图 8-37　表面波探伤

（a）表面波的传播；（b）部分缺陷回波

项目实施

请完成表 8-3 所示的项目工单。

表 8-3　项目工单

任务名称	酒精检测报警器的制作	组别	组员：

一、任务描述

使用 QM-NJ9 型酒精传感器，制作酒精检测报警器。

二、技术规范（任务要求）

要求酒精检测报警器接触到酒精后，立即发出连续不断的"酒后别开车"的响亮语音报警，并切断车辆的点火电路，强制车辆熄火。此外，该报警器既可以安装在各种机动车上用来限制驾驶员酒后驾车，又可以安装成便携式，供交通人员在现场使用，检测驾驶员是否酒后驾驶。

三、计划（制订小组工作计划）

工作流程	完成任务的资料、工具或方法	人员安排	时间分配	备注

四、决策（确定工作方案）

（1）小组讨论、分析、阐述任务完成的方法、策略，确定工作方案。

（2）教师指导、确定最终方案。

五、实施（完成工作任务）

工作步骤	主要工作内容	完成情况	问题记录

六、检查（问题信息反馈）

反馈信息描述	产生问题的原因	解决问题的方法

七、评估（基于任务完成的评价）

（1）小组讨论，自我评述任务完成情况、出现的问题及解决方法，小组共同给出改进方案和建议。

（2）小组准备汇报材料，每组选派一人进行汇报。

（3）教师对各组完成情况进行评价。

（4）整理相关资料，完成评价表。

续表

任务名称			姓名	组别	班级	学号	日期
考核内容及评分标准			分值	自评	组评	师评	均分
三维目标	素质	自主学习、合作学习、团结互助等	25				
	认知	任务所需知识的掌握与应用等	40				
	能力	任务所需能力的掌握与数量等	35				
加分项	收获（10分）	你有哪些收获（借鉴、教训、改进等）：	你进步了吗？		加分		
			你帮助他人进步了吗？				
	问题（10分）	发现问题、分析问题、解决方法、创新之处等：			加分		
总结与反思					总分		

八、拓展（基于本任务延伸的知识与能力）

九、备注（需要注明的内容）

指导教师评语：

任务完成人签字：　　　　　　　　　　　　　　日期：　　　年　　　月　　　日

指导教师签字：　　　　　　　　　　　　　　　日期：　　　年　　　月　　　日

项目小结

（1）气体检测所用到的传感器实际上是指能对气体进行定性或定量检测的气敏传感器。气敏材料与气体接触后会发生相互的化学或物理作用，导致某些特性参数的改变，包括质量、电参数、光学参数等。气敏传感器就是利用这些材料作为敏感元件，把被测气体种类、浓度、成分等信息的变化转换成电信号，经测量电路处理后进行检测、监控和报警。

（2）根据传感器的气敏材料、气敏材料与气体相互作用的机理和效应不同，可将气敏传感器主要分为半导体式、接触燃烧式、电化学式、热导率变化式、红外吸收式等类型。

（3）半导体气敏传感器是利用半导体材料与气体接触时，半导体电阻和功能函数发生变化的效应来检测气体成分或浓度的传感器。按照半导体变化的物理性质，半导体气敏传感器可分为电阻式和非电阻式两种。

（4）气敏元件的材料多采用氧化锡和氧化锌等较难还原的氧化物。一般在气敏元件材料内也会掺入少量的铂等贵金属作为催化剂，以便提高检测的选择性。常用的气敏元件有3种结构类型：烧结型、薄膜型和厚膜型。

（5）气敏传感器的主要特性参数：灵敏度、响应时间、选择性、稳定性、温度特性、湿度特性、电源电压特性。

（6）湿度是指大气中的水蒸气含量，通常用绝对湿度、相对湿度、露点等表示。

（7）湿敏传感器，按其输出的电学量可分为电阻式、电容式、频率式等；按其探测功能可分为相对湿度、绝对湿度、结露和多功能4种；按其使用材料可分为陶瓷式、有机高分子式、半导体式、电解质式等。

（8）湿度的测量方法：称重法、电导法、电容法、红外吸收法、微波吸收法。

（9）湿敏传感器的主要参数：感湿特性、测湿量程、灵敏度、湿滞特性、响应时间、感湿温度系数、电压特性。

（10）湿敏传感器的技术要求：

①使用寿命长，长期工作的稳定性好；

②测量温、湿使用范围宽，湿度和温度系数小；

③灵敏度高，感湿特性线性度好；

④湿滞回差小；

⑤响应速度快，时间短；

⑥一致性和互换性好，制造工艺简单，易于批量生产，测量电路简单，成本低廉；

⑦能在恶劣环境（如腐蚀、低温、高温等）下工作。

（11）声波是振动在弹性介质内的传播，称为波动（简称波）。声波的振动频率在20 Hz~20 kHz为可闻声波；低于20 Hz的声波为次声波；高于20 kHz的声波为超声波。频率在3×10^8~3×10^1 Hz的波，称为微波。

（12）超声波的传播特性包括声速、声压、声强与指向性。

习题与思考

1. 气敏传感器可以分为哪几种类型？半导体气敏元件是如何分类的？

2. 简述 N 型半导体气敏元件的原理。

3. 什么是绝对湿度和相对湿度？

4. 氯化锂湿敏电阻和陶瓷湿敏电阻各有何特点？

5. 简述高分子电阻式湿敏传感器的工作原理。

6. 超声波在介质中有哪些传播特性？

7. 什么是超声波的干涉现象？

项目 9　现代检测技术

项目引入

在微计算机技术快速发展的影响下，单纯依靠硬件设备完成检测的传统检测技术呈现了新的活力，并取得了迅速的进步，从而形成了具有大规模集成电路技术、软件及网络技术等强有力的技术手段的现代检测系统。无论是工业生产领域，还是日常生活领域，自动化程度都越来越高，而达到自动化的首要条件是要有精密、灵敏的信号采集能力，因此传感器得到广泛的应用。前面项目中介绍了许多常用的传感器，然而在实际应用中，并不是由一种传感器组成一个简单仪表来进行测量，而是综合应用多种传感器来组成现场检测仪表，这就是现代检测系统的主要特点。现代检测系统和传统检测系统间并无明确的界限，通常将具有自动化、智能化、可编程化等功能的检测系统称为现代检测系统。

新型传感器是相对于传统传感器而言，随着技术的发展和时间的推移，于近年新出现的一类传感器。新型传感器在智能化、多功能化、综合性、微型化、集成化、网络化等方面具有区别于传统传感器的明显特征。新型传感器检测信号种类越来越丰富，检测功能越来越强大，检测精度越来越高，应用越来越广泛。新型传感器主要有智能传感器、模糊传感器、微传感器、网络传感器等。

本项目主要介绍现代检测系统、智能传感器和生物传感器的基本知识，了解传感器发展及应用新领域。

项目分解

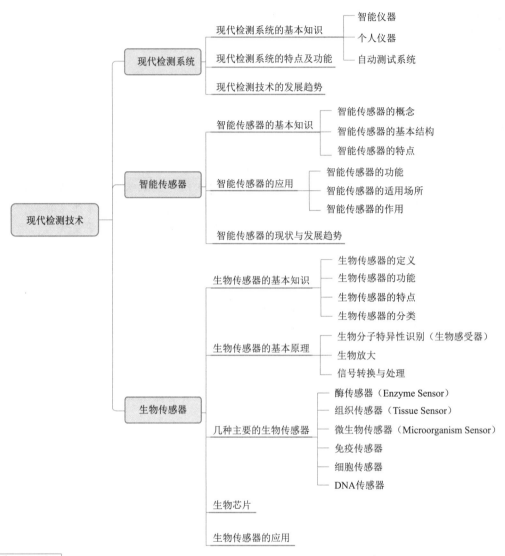

学习目标

知识目标

(1) 了解自动检测及智能仪器的特点。

(2) 掌握现代检测系统的特点。

(3) 了解虚拟仪器技术及自动检测技术的发展趋势。

(4) 掌握智能传感器的概念和组成。

(5) 掌握智能传感器的基本知识和应用。

(6) 了解智能传感器的现状和发展趋势。

(7) 了解生物传感器的基本知识和使用基本原理。

(8) 了解生物芯片以及生物传感器的应用。

能力目标

（1）熟悉现代检测技术的应用。

（2）熟悉网络传感器的基本工作方式及应用。

（3）熟悉生物传感器的使用及应用。

素养目标

（1）培养以人为本、全心全意为人民服务的思想意识。

（2）培养尊重事实的思想，要有实证意识和严谨的求知态度。

（3）培养勇于面对客观世界的探索精神。

（4）培养对客观事物的好奇心，保持丰富的想象力。

任务1 现代检测系统

任务引入

在微型计算机技术快速发展的影响下，单纯依靠硬件设备完成检测的传统检测技术呈现了新的活力并取得了迅速的进步，从而形成了具有大规模集成电路技术、软件及网络技术等强有力的技术手段的现代检测系统。

学习要点

自动检测就是使用自动化仪器仪表或系统，在最少的人工干预下自动进行并完成检测、测量、试验、检验的全部过程。检测技术的发展趋势为传统的检测仪器正在被计算机化的现代自动检测仪器和技术所代替。自动检测仪器的优点包括多功能、高精度、高可靠性、体积小、质量轻、功耗小等。面对生产和科研要求，自动检测系统可以实现动态、快速、多参数、实时和自动测量及数据处理。

自动检测系统特点：

（1）检测速度快，准确度高；

（2）检测功能多，能力强；

（3）多数自动检测仪器都具有量程自动切换功能；

（4）具有多样化的娴熟记录检测结果的方式；

（5）操作简单、方便。

9.1.1 现代检测系统的基本知识

现代检测系统可分为3种基本结构体系，即智能仪器、个人仪器与自动测试系统。

1. 智能仪器

智能仪器是指一种带有微处理器，并具有信息检测、信息处理、信息记忆、逻辑判断和自动操作的传感器，其硬件结构如图9-1所示。

智能仪器实际上是使微型计算机进入仪器内部，将计算机技术移植、渗透到仪器仪表技术中，这样可使智能仪器具有自诊断、自校准、检测准确度高、灵敏度高、可靠性好及自动化程度高等优点，并具有数据通信接口，能与计算机直接联机，相互交换信息。

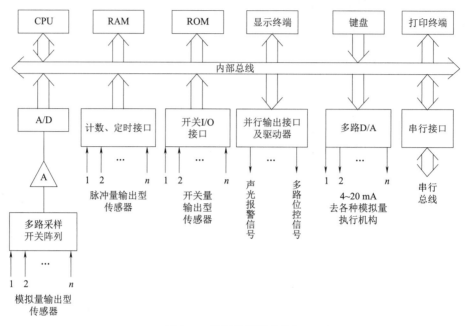

图 9-1　智能仪器硬件结构

2. 个人仪器

个人仪器又称个人计算机仪器系统，是将市售的个人计算机（要符合工控要求）配以适当硬件电路和传感器组成的检测系统，其硬件结构如图 9-2 所示。

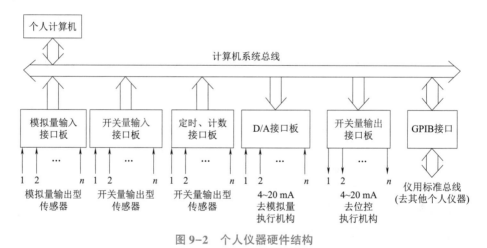

图 9-2　个人仪器硬件结构

个人仪器与智能仪器的不同之处：个人仪器是利用个人计算机本身所具有的完整配置来取代智能仪器中的微处理器、开关、按键、数码显示管、串行口、并行口等，相对于智能仪器，更加充分利用了个人计算机的软硬件资源，并保留了个人计算机原有的许多功能。同时，个人仪器的研制也不必像智能仪器那样要研制其专门的微机电路，而是利用成熟的个人计算机技术，将更多的精力放在硬件接口模块与软件程序的开发上。

个人仪器组装时，将传感器信号送到相应的接口板上，再将接口板插到工控机总线扩展槽中或专用的接口箱中，配以相应的软件就可以完成自动检测的功能。硬件方面，目前市场已有与各种传感器配套的接口板出售；而软件方面，也有相应的工控软件出售，在程序编写时，工程师可直接调用相关功能模块，以加快个人仪器的研制过程，缩短其开发周期。

3. 自动测试系统

自动测试系统是一种以工控机为核心，以标准接口总线为基础，以可程控的多台智能仪器为下位机组合而成的一种现代检测系统，其原理如图9-3所示。

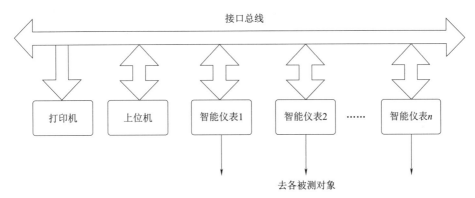

图 9-3　自动测试系统的原理

现代化车间中，一条流水线上往往安装了几十甚至上百个传感器，不可能也没必要为每一个传感器配备一台计算机，它们都通过各自的通用接口总线与上位机连接，上位机则利用预先编好的测试软件，对每一台智能仪器进行参数设置和数据读写。同时，上位机还利用其计算、判断能力控制整个系统的运行。

许多自动测试系统还可以作为服务器工作站加入互联网络中，成为网络化测试子系统，实现远程监测、远程控制、远程实时调试。

9.1.2　现代检测系统的特点及功能

现代检测系统的特点及功能如下。

（1）设计灵活性高。只要更改少数硬件接口，通过修改软件就可以显著改变功能，从而使产品按需要发展成不同的系列，降低研制费用，缩短研制周期。

（2）操作方便。使用人员可通过键盘控制系统的运行。系统通常还配有 CRT（Cathode Ray Tube，阴极射线显像管）显示器，因此可以进行人机对话，在显示器上用图表、曲线的形式显示系统的重要参数、报警信号，有时还可用彩色图形模拟系统的运行状况。

（3）有记忆功能。断电时，能长时间保存断电前的重要参数。

（4）有自校准功能。自校准包括自动零位校准和自动量程校准，能提高测量准确度。

（5）有自动故障诊断功能。自动故障诊断就是当系统出现故障无法正常工作时，只要计算机本身能继续运行，它就转而执行故障诊断程序，按预定的顺序搜索故障部位，并在屏幕上显示出来，从而大大缩短了检修周期。

9.1.3　现代检测技术的发展趋势

随着大规模集成电路、微型计算机、机电一体化、微机械和新材料等技术的发展，现代检测技术正向着高精度、高可靠性、集成化、数字化、智能化及非接触式检测等方面发展，具体表现在以下方面。

（1）不断拓展测量范围，努力提高检测精度和可靠性。

随着科学技术的发展，对检测仪器和检测系统的性能要求，尤其是精度、测量范围、可靠性指标的要求越来越高。

（2）传感器逐渐向集成化、组合式、数字化方向发展。

随着大规模集成电路技术的发展，已有不少传感器实现了敏感元件与信号调理电路的集成和一体化，这对检测仪器整机研发与系统集成提供了极大的方便。同时，一些厂商把两种或两种以上的敏感元件集成于一体，使其成为可实现多种功能的新型组合式传感器。此外，还有厂商把敏感元件与信号调理电路、信号处理电路统一设计并集成化，使其成为能直接输出数字信号的新型传感器。

（3）重视非接触式检测技术研究。

在检测过程中，把传感器置于被测对象上，可灵敏地感知被测参量的变化，这种接触式检测方法通常比较直接、可靠，测量精度较高。但某些情况根本不允许或不可能安装传感器，因此，各种可行的非接触式检测技术的研究越来越受重视。

（4）检测系统智能化。

近年来，包括微处理器、单片机在内的大规模集成电路的成本和价格不断降低，使许多以单片机、微处理器或微型计算机为核心的现代检测仪器（系统）实现了智能化。与传统检测系统相比，智能化的现代检测系统具有更高的精度和性价比。

 任务2　智能传感器　　　　　

任务引入

科技发展的脚步越来越快，人类已经置身于信息时代。作为信息获取最重要和最基本的技术——传感器技术，也得到了极大的发展。传感器信息获取技术已经从过去的单一化渐渐向集成化、微型化和网络化方向发展，其促进现代测量技术手段更快、更广泛的发展，测量技术将在网络时代发生革命性变化。新型传感器的出现是相对于传统传感器而言，随着技术的发展和时间的推移，于近年新出现的一类传感器。新型传感器在智能化、多功能化、综合性、微型化、集成化、网络化等方面具有区别于传统传感器的明显特征。新型传感器检测信号种类越来越丰富，检测功能越来越强大，检测精度越来越高，应用越来越广泛。新型传感器包括智能传感器、模糊传感器、微传感器、网络传感器等。本任务主要介绍智能传感器。

学习要点

传感器是信息产生的源头，也是构建现代信息系统的重要组成部分。大规模集成电路技术和微机械加工技术的迅猛发展，为传感器向集成化、智能化方向发展奠定了基础，传感器的功能形成了突破，其输出不再是单一的模拟信号，而是经过微处理器处理后的数字信号，有的甚至带有控制功能。技术发展表明，数字信号处理器（Digital Signal Processor, DSP）将推动众多新型下一代产品的发展，其中包括带有模拟-人工智能（Artificial Intelligence, AI）能力的智能传感器。近几年，传感器智能化是传感技术发展的主要趋势。

智能传感器是将一个或多个敏感元件、精密模拟电路、数字电路、微处理器、通信接口、智能软件系统结合的产物，并将硬件集成在一个封装组件内。该类传感器具备数据采集、数据处理、数据存储、自诊断、自补偿、在线校准、逻辑判断、双向通信、数字输出/模拟输出等功能，极大地提高了传感器的准确度、稳定性和可靠性。由于采用标准的数字接口，智能传感器有着很强的互换性和兼容性。

智能传感器内嵌了标准的通信协议和数字接口，使构造同类和（或）不同类的复合传感器（多个传感器的结合）变得非常容易。同时，借助标准的通信支持组件，智能传感器可轻而易举地组成网络或作为用户网络内的一个节点。

9.2.1 智能传感器的基本知识

1. 智能传感器的概念

智能传感器是一种带有微处理器，兼有信息检测、信息处理、信息记忆、逻辑思维与判断功能的传感器，这些功能使之具备了某些人工智能。它将机械系统及结构、电子产品和信息技术完美结合，使传感器技术有了本质性的提高。传统传感器功能单一、体积大、功耗高，已不能满足多种多样的控制系统，这使先进的智能传感器技术得到了广泛应用。智能传感器必须具备通信功能，不具备通信功能，就不能称为智能传感器。

智能传感器主要由 4 部分构成：电源、敏感元件、信号处理单元和通信接口。其原理框图如图 9-4 所示。敏感元件将被测物理量转换为电信号，放大后经 A/D 转换成数字信号，再经过微处理器进行数据处理（校准、补偿、滤波），最后通过通信接口与网络数据进行交换，完成测量与控制功能。

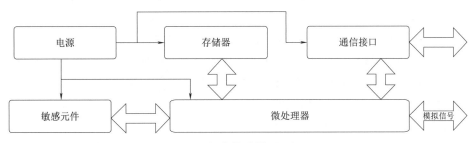

图 9-4　智能传感器原理框图

2. 智能传感器的基本结构

智能传感器是基于人工智能、信息处理技术实现的具有分析，判断，量程自动转换，漂移、非线性和频率响应等自动补偿，对环境影响量的自适应、自学习，以及超限报警和故障诊断等功能的传感器。与传统传感器相比，智能传感器将传感器检测信息的功能与微处理器的信息处理功能有机地结合在一起，充分利用微处理器进行数据分析和处理，并能对内部工作过程进行调节和控制，从而具有一定的人工智能，弥补了传统传感器性能的不足，使采集的数据质量得以提高。微处理器包含两种情况：一种是将传感器与微处理器集成在一个芯片上构成"单片智能传感器";另一种是指传感器能够搭配微处理器（分离方式）。智能传感器的基本结构如图9-5所示。

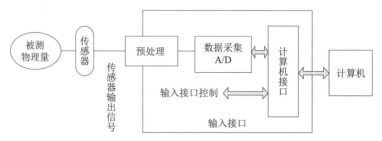

图9-5　智能传感器的基本结构

3. 智能传感器的特点

（1）精度高。

（2）高可靠性与高稳定性。

（3）高信噪比与高分辨率。

（4）自适应性强。

（5）性能价格比高。

9.2.2　智能传感器的应用

1. 智能传感器的功能

智能传感器与传统传感器相比，最突出的特征是数字化、智能化、阵列化、微小型化和微系统化。它应具有以下功能。

（1）逻辑思维与判断、信息处理功能：可对检测数值进行分析、修正和误差补偿，如非线性修正、温度误差补偿、响应时间调整等，因此提高了传感器的测量准确度。

（2）自诊断、自校准功能：接通电源时可进行自检、温度变化时可进行自校准等，提高了传感器的可靠性。

（3）多传感器、多参数的复合测量功能：例如，能够同时测量声、光、电、热、力、化学等多个物理和化学量，给出比较全面反映物质运动规律的信息；能够同时测量介质的温度、流速、压力和密度的复合传感器等，扩大了传感器的检测与使用范围。

（4）存储功能：检测数据可以存取，并可固化压力、温度和电池电压的测量、补偿和校准数据，能得到最好的测量结果，使用方便。

（5）数字通信功能：能与计算机直接联机，相互交换信息。利用双向通信网络，可设置智能传感器的增益、补偿参数、内检参数，并输出测试数据。这是智能传感器与传统传感器的关键区别之一。

（6）故障检测功能：能自动检测外部传感器（亦称远程传感器）的开路或短路故障。

（7）静电保护功能：智能传感器的串行接口端、中断/比较器信号输出端和地址输入端一般可承受 1 000~4 000 V 的静电放电电压。

2. 智能传感器的适用场所

智能传感器可应用于各种领域、各种环境的自动化测试和控制系统，使用方便灵活，测试精度高，优于任何传统的数字化、自动化测控设备，特别是以下场所。

（1）分布式多点测试、集中控制采集、测试现场远离集中控制中心的场合。在这些场合，如果采用传统传感器进行测量，则数据传输易受干扰，测量精度低且系统误差大。而智能传感器能解决上述问题，它将计算机与自动化测控技术结合，直接将物理量变换为数字信号并传送到计算机进行数据处理。

（2）安装现场受空间条件限制的场所，如埋入大型电动机绕线内部、通风道内部、电子组合件内部等。在这些场合，如果采用传统的传感器，则需要定期校验、检测，但是由于空间的限制，其很难完成，而智能传感器具有自检测、自诊断、定期自动零点复位、消除零位误差等功能。独立的内部诊断功能可避免代价高昂的拆机、校验，从而迅速收回投资。

（3）自动化程度高、规模大的自动化生产线，如工业生产过程控制、发电厂、热电厂、大型中央空调设备用户端等。在这些场合，测量、控制点多，远距离分散，数据量大，人工处理不现实，采用智能传感器即可解决这一错综复杂的问题，能在测量过程中收集大量的信息，以提高控制质量。

（4）经常无人看守，但需要检测的场合，如农业养殖场、温棚、温室、干燥房、粮食仓库等。此类场合属于远距离、分散式、多点测试，采用智能传感器能监视自身及周围的环境，然后再决定是否对变化进行自动补偿或对相关人员发出警示。

3. 智能传感器的作用

1）提高测量精度

（1）利用微型计算机进行多次测量和求平均值的办法可削弱随机误差的影响。

（2）利用微型计算机进行系统误差补偿。

（3）利用辅助温度传感器和微型计算机进行温度补偿。

（4）利用微型计算机实现线性化，可以减小线性度。

（5）利用微型计算机进行测量前的零点调整、放大系数调整和工作中周期调整零点、放大系数。

2）增加功能

（1）利用记忆功能获取被测量的最大值和最小值。

（2）利用计算功能对原始信号进行数据处理，可获得新的量值。

（3）用软件的办法完成硬件功能，经济并可减小体积。

（4）对数字显示可有译码功能。

（5）可用微型计算机对周期信号特征参数进行测量。

（6）对诸多被测量可有记忆存储功能。

3）提高自动化程度

（1）可实现误差自动补偿。

（2）可实现检测程序自动化操作。

（3）可实现越限自动报警和故障自动诊断。

（4）可实现量程自动变换。

（5）可实现自动巡回检测。

9.2.3 智能传感器的现状与发展趋势

当今世界，以信息技术为代表的新一轮科技革命方兴未艾，全球信息技术的发展正处于跨界融合、加速创新、深度调整的历史时期，呈现万物互联、万物智能的特征。智能传感器是万物互联的基础。近年来，全球传感器市场一直保持快速增长趋势，并受到许多下游新兴应用的新增需求拉动（如消费电子、汽车电子、工业电子和医疗电子），智能传感器应用市场正呈现爆发式增长态势。

2011 年以来，随着物联网和智能制造的兴起，智能传感器行业得到了广泛的关注，并迅速发展。2015 年，中国国务院强调了完善产业链和批量生产的重要性。2021 年，中国智能传感器市场规模达到 1 057.6 亿元，占全国传感器市场规模的 11%。然而，由于中高端智能传感器技术要求较高，大量产品仍需依赖进口，进口比例达到了 90% 以上。智能传感器已广泛应用于多种物联网场景中，包括机器人、VR/AR、无人机、智慧城市、智能家居、智能运输和智能医疗等领域，展现了中国智能传感器行业的巨大潜力和广阔前景。

据统计，2017 年，中国智能传感器市场规模为 772.2 亿元，而到了 2021 年，这一数字增长至 1 057.6 亿元，展现出年复合增长率 8.2% 的良好增势。未来的五年里，预计到 2026 年，市场规模将进一步扩大至 1 610.9 亿元，年复合增长率为 8.8%。这一增长趋势反映了智能传感器在各个应用领域，特别是在工业、汽车及通信等领域的广泛应用和市场认可。

进入 2021 年，中国政府在《中华人民共和国国民经济和社会发展第十四个五年规划和 2035 年远景目标纲要》中明确表示，将加速解决基础零部件及元器件的瓶颈问题，特别是聚焦传感器这一关键领域，以壮大核心电子元器件产业的整体水平。此举表现了政府对于智能传感器行业的高度重视和期望。

2022 年 1 月 12 日，国务院印发了《"十四五"数字经济发展规划》，明确表示将重点发展传感器、量子信息、网络通信、大数据、人工智能、区块链和新材料等战略性前瞻性领域，以增强数字技术基础研发能力，并强化关键产品的自供保障能力。

智能传感器的下一步重点发展方向如下。

（1）通过 MEMS（微机电系统）工艺和 IC（集成电路）平面工艺的融合，将微处理器和微传感器集成。依靠软件技术，大大提高传感器的准确性、稳定性和可靠性（工艺）。

（2）采用硬件软化、软件集成、虚拟现实、软测量和人工智能的方法和技术，研究开发具有拟人智能特性或功能的智能传感器（技术）。

（3）向高精度、高可靠性、宽温度范围、微型化、微功耗及无源化、网络化、具有故障探测（包括自主入侵报警）和预报功能等方向发展（性能与功能）。

智能传感器的重点下游应用领域分别是消费电子、汽车电子、工业电子和医疗电子，其相应的市场占有率依次递减。从市场规模的大小以及增长速度这两方面考虑，发展较快的新兴应用（如指纹识别、智能驾驶、智能机器人和智能医疗器械）将成为智能传感器市场成长的主要动力。智能传感器是技术演进的结果，满足万物互联对感知层提出的要求，预计将随着智能消费电子设备、工业物联网、车联网与自动驾驶、智慧城市、智能医疗等新产业的发展迎来快速增长。

任务3 生物传感器

任务引入

生物传感器基本特征之一是能够对外界的各种刺激做出反应。其之所以能够如此，首先是由于生物能感受外界的各类刺激信号，并将这些信号转换成体内信息处理系统所能接收并处理的信号。例如，人能通过眼、耳、鼻、舌等感觉器官将外界的光、声、温度及其他各种化学和物理信号转换成人体内神经系统等信息处理系统能够接收和处理的信号。现代和未来的信息社会中，信息处理系统要对自然和社会的各种变化做出反应，首先需要通过传感器将外界的各种信息接收下来，并转换为信息系统中的信息处理单元（即计算机）能够接收和处理的信号。

随着生产力的高度发展和物质文明的不断提高，在工农业生产、环境保护、医疗诊断和生物工程等领域，每时每刻都有大量的样品需要分析和检验。这些样品要求在很短的时间内完成检测，有时甚至要求在线或在体内直接测定。这就需要开发一种能够测定各种无机或有机化合物的新型有效的传感器。生物传感器便是其中的一个重要方面。

在现代信息科学技术领域中，有人把计算机比作大脑，而把传感器比作感觉器官。在生物信号的分析检测领域，目前的状况是"头脑发达，感觉迟缓"。因此，生物传感器的研究和应用更加被提到日益重要的地位。

本任务主要学习了解生物传感器的基本概念、特点及分类，生物传感器的基本工作原理，生物传感器的发展过程。

学习要点

生物传感器是一种对生物物质敏感并将其浓度转换为电信号进行检测的仪器，是由固定化的生物识别元件（包括酶、抗体、抗原、微生物、细胞、组织、核酸等生物活性物质）、适当的信号转换器（如氧电极、光敏管、场效应管、压电晶体等）及信号放大装置构成的分析工具或系统。

9.3.1 生物传感器的基本知识

1. 生物传感器的定义

根据 GB/T 7665—2005《传感器通用术语》的规定，传感器定义为能感受规定的被测量信号并按照一定的规律转换成可用输出信号的器件或装置，通常由敏感元件和转换元件组成。其中，敏感元件是指传感器中能直接感受或响应被测量信号的部分；转换元件是指将敏感元件感受或响应的被测量信号转换成用于传输或测量的电信号部分。

生物传感器由生物识别元件和信号转换器组成，能够选择性地对样品中的待测物质发出响应，通过生物识别系统和电化学或其他传感器把待测物质的浓度转为电信号，根据电信号的大小定量测出待测物质的浓度。生物传感器是应用生物活性材料（如酶、蛋白质、DNA、抗体、抗原、生物膜等）与物理或化学信号转换器有机结合的一门交叉学科，是发展生物技术必不可少的一种先进的检测方法与监控方法，也是物质在分子水平的快速、微量分析方法。

2. 生物传感器的功能

1）感受

提取出动植物发挥感知作用的生物材料，包括生物组织、微生物、细胞器、酶、抗体、抗原、核酸、DNA 等。实现生物材料或类生物材料的批量生产，反复利用，降低检测的难度和成本。

2）观察

将生物材料感受到的持续、有规律的信息转换为人们可以理解的信息。

3）反应

将信息通过光学、压电、电化学、温度、电磁等方式展示出来，为人们的决策提供依据。

3. 生物传感器的特点

（1）测定范围广泛。

（2）生物传感器使用时一般不需要样品的预处理，样品中被测组分的分离和检测同时完成，且测定时一般无须加入其他试剂。

（3）采用固定化生物活性物质作敏感基元（催化剂），价值昂贵的试剂可以重复多次使用。

（4）测定过程简单迅速。

（5）准确度和灵敏度高，相对误差一般不超过 1%。

（6）它的体积小，可以实现连续在线监测，容易实现自动分析。

（7）专一性强，只对特定的底物起反应，而且不受颜色、浊度的影响。

（8）可进入生物体内。

（9）传感器连同测定仪的成本远低于大型的分析仪器，便于推广普及。

4. 生物传感器的分类

根据传感器输出信号的产生方式分类：亲和型生物传感器、代谢型生物传感器、催化型生物传感器。

根据生物传感器中信号检测器（分子识别元件）上的敏感物质分类：酶传感器、微生物传感器、组织传感器、细胞及细胞器传感器、基因传感器、免疫传感器等。

根据生物传感器的信号转换器分类：电化学生物传感器、半导体生物传感器、热学型生物传感器、光学型生物传感器、声学型生物传感器等。

根据检测对象的多少分类：以单一化学物质为检测对象的单功能型生物传感器和同时检测微量多种化学物质的多功能型生物传感器。

根据生物传感器的用途分类：免疫传感器、药物传感器等。

9.3.2　生物传感器的基本原理

生物传感器的基本原理如图 9-6 所示。其基本组成包括生物分子特异性识别（生物感受器）、敏感组件、辅助部分。其中，敏感组件进行被测物质的识别并进行信号的转换，而辅助部分把来自敏感组件的信号输送给信号处理系统。

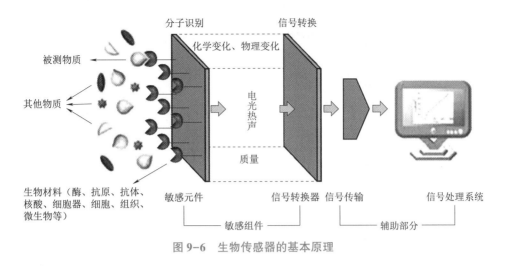

图 9-6　生物传感器的基本原理

1. 生物分子特异性识别（生物感受器）

生物感受器是一种可以识别目标分析物的生物材料，其分子识别元件如表 9-1 所示。

表 9-1　生物传感器的分子识别元件

分子识别元件	生物活性单元
酶膜	各种酶类
全细胞膜	细菌、真菌、动植物细胞
组织膜	动植物组织切片
细胞器膜	线粒体、叶绿体
免疫功能膜	抗体、抗原、酶标抗原等

2. 生物放大

生物放大作用指模拟和利用生物体内的某些生化反应，通过对反应过程中产量大、变化大或易检测的物质的分析来间接确定反应中产量小、变化小、不易检测的物质的（变化）量的方法。通过生物放大原理可以大幅提高分析测试的灵敏度。

生物传感器常用的生物放大作用：

（1）酶催化放大；

（2）酶溶出放大；

（3）酶级联放大；

（4）脂质体技术；

（5）聚合酶链式反应和离子通道放大等。

3. 信号转换与处理

生物传感器的信号处理方法如表 9-2 所示。

表 9-2   生物传感器的信号处理方法

由生物活性元件引起的变化（生物学反应信息）	信号处理方法（信号转换器的选择）
电极活性物质的生成或消耗	电流检测电极法
离子性物质的生成或消耗	电位检测电极法
膜或电极电荷状态的变化	膜电位法、电极电位法
质量变化	压电元件法
阻抗变化	电导率法
热变化（热效应）	热敏电阻法
光谱特性变化（光效应）	光纤和光电倍增管

9.3.3   几种主要的生物传感器

1. 酶传感器（Enzyme Sensor）

酶传感器的特点如下。

（1）优点：酶易被分离，贮存较稳定，所以目前被广泛应用。

（2）缺点：酶的特异性不高，如它不能区分结构上稍有差异的梭曼与沙林；酶在测试的过程中因被消耗而需要不断的更换。

酶传感器测定项目如表 9-3 所示。

表 9-3   酶传感器测定项目

测定项目	酶	固定化方法	使用电极	稳定性/d	测定范围/（mg·mL^{-1}）
葡萄糖	葡萄糖氧化酶	共价	氧电极	100	$1\sim5\times10^2$
胆固醇	胆固醇酯酶	共价	铂电极	30	$10\sim5\times10^3$
青霉素	青霉素酶	包埋	pH 电极	$7\sim14$	$10\sim1\times10^3$
尿素	尿素酶	交联	铵离子电极	60	$10\sim1\times10^3$
磷脂	磷脂酶	共价	铂电极	30	$10^2\sim5\times10^3$
乙醇	乙醇氧化酶	交联	氧电极	120	$10\sim5\times10^3$
尿酸	尿酸酶	交联	氧电极	120	$10\sim1\times10^3$
L-谷氨酸	谷氨酸脱氨酶	吸附	铵离子电极	2	$10\sim1\times10^4$
L-谷酰胺	谷酰胺酶	吸附	铵离子电极	2	$10\sim1\times10^4$
L-酪氨酸	L-酪氨酸脱羧酶	吸附	二氧化碳电极	20	$10\sim1\times10^4$

2. 组织传感器（Tissue Sensor）

组织传感器测定项目如表 9-4 所示。

表 9-4   组织传感器测定项目

测定项目	组织膜	基础电极	稳定性/d	线性范围/（mol·L^{-1}）
谷氨酸	木瓜	CO_2	7	$2\times10^{-4}\sim1.3\times10^{-2}$

续表

测定项目	组织膜	基础电极	稳定性/d	线性范围/($mol \cdot L^{-1}$)
尿素	豆荚	CO_2	94	$3.4×10^{-5} \sim 1.5×10^{-3}$
L-谷氨酰胺	肾	NH_3	30	$1×10^{-4} \sim 1.1×10^{-2}$
多巴胺	香蕉	O_2	14	—
丙酸铜	玉米芯	CO_2	7	$8×10^{-5} \sim 3×10^{-3}$
过氧化氢	肝	O_2	14	$5×10^{-3} \sim 2.5×10^{-1}$ U/mL

3. 微生物传感器（Microorganism Sensor）

微生物传感器测定项目如表9-5所示。

表9-5 微生物传感器测定项目

测定项目	微生物	测定电极	检测范围/($mg \cdot L^{-1}$)
葡萄糖	荧光假单胞菌	O_2	5~200
乙醇	芸苔丝孢酵母	O_2	5~300
亚硝酸盐	硝化菌	O_2	51~200
维生素B12	大肠杆菌	O_2	—
谷氨酸	大肠杆菌	CO_2	8~800
赖氨酸	大肠杆菌	CO_2	10~100
维生素B1	发酵乳杆菌	燃料电池	0.01~10
甲酸	梭状芽胞杆菌	燃料电池	1~300
头孢菌素	费式柠檬酸细菌	pH	—
烟酸	阿拉伯糖乳杆菌	pH	—

4. 免疫传感器

免疫传感器是将特异性免疫反应与高灵敏度的传感技术相结合而构成的一类新型生物传感器，用于分析研究免疫原性物质。免疫传感器利用动物体内抗原、抗体能发生特异性吸附反应的特性，将抗原或抗体固定在传感器基体上，通过传感器技术，使吸附发生时产生的物理、化学、电学或光学上的变化，转变成可检测的信号来测定环境中待测分子的浓度。免疫传感器技术具有分析灵敏度高、特异性强、使用简便及成本低的优势，已广泛应用于临床医学与生物检测、食品工业、环境监测与处理等领域。

5. 细胞传感器

细胞传感器是20世纪80年代末出现的一种以真核生物细胞、细胞器作为识别元件的生物传感器。Blondin等于1987年提出了固定线粒体评价水质；Carpentier及其合作者用类囊体膜构建的生物传感器，可在mg/L浓度下测定铅与镉的毒性，也可对银或铜进行快速测定；Rouillon等用特殊的固定化技术将叶绿体与类囊体膜包埋在光交联的苯乙烯基吡啶聚乙烯醇（PVA-sbQ）中，可以在μg/L浓度水平下检测到汞（Hg）、铅（Pb）、镉

（Cd）、镍（Ni）、锌（Zn）和铜（Cu）等离子的存在。

6. DNA 传感器

DNA 传感器是一种能将目标 DNA 的存在转化为可检测的电、光、声信号的装置，所检测的是核酸的杂交反应。DNA 传感器的结构包括一个靶序列识别层和一个信号转换器。识别层通常由固定在信号转换器上的探针 DNA 以及一些其他的辅助物质组成，它可以特异性地识别靶序列并与其杂交。信号转换器可将此杂交过程所产生的变化转变为可识别的信号，根据杂交前后信号量的变化，可以对靶 DNA 进行准确定量。

9.3.4　生物芯片

所谓生物芯片，是通过微加工技术和微电子技术在固体芯片表面构建微型生物化学分析系统，将成千上万与生命相关的信息集成在一块面积约为 1 cm² 的硅、玻璃、塑料等材料制成的芯片上，在待分析样品中的生物分子与生物芯片的探针分子发生相互作用后，对作用信号进行检测和分析，以达到对基因、蛋白质、细胞及其他生物组织准确、快速的分析和检测。

（1）基因芯片：也称 DNA 芯片，它是在基因探针基础上研制而成的一种芯片。

（2）蛋白质芯片：以蛋白质代替 DNA 作为检测目标物，与基因芯片的原理基本相同，但其利用的不是碱基配对而是抗体与抗原结合的特异性，即免疫反应来实现检测。

（3）细胞芯片：由裸片、封装盖板和底板组成，裸片上密集分布有 6 000～10 000 个乃至更高密度不同细胞阵列，封装于盖板与底板之间。细胞芯片能够通过控制细胞培养条件，使芯片上所有细胞处于同一细胞周期，在不同细胞之间生化反应及化学反应结果可比性强；一块芯片上可同时进行多信息量检测。

（4）组织芯片：是基因芯片技术的发展和延伸，它可以将数十个甚至上千个不同个体的临床组织标本按预先设计的顺序排列在一张玻璃芯片上进行分析研究。

9.3.5　生物传感器的应用

目前，生物传感器应用较多的领域是医疗检验、环境监测、发酵工业、食品工业等与生命科学关系密切的一些领域，如图 9-7 所示。随着社会的进一步信息化，生物传感器必将获得越来越广泛的应用。

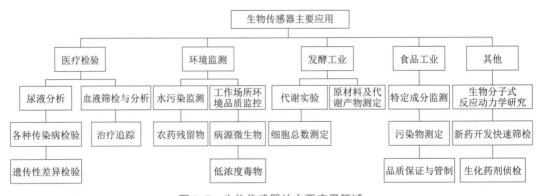

图 9-7　生物传感器的主要应用领域

生物传感器在线分析系统应用的领域十分广泛，如在医学领域中，可应用于中医针灸、葡萄糖监测、DNA 突变检测、疾病诊断、病毒检测、药物剂量监测、脑损伤检测、康复患者监测等方面。在非传统医学领域，如在环境监测中，可用于大气、水质的检测；

在食品工程中，可用于污染物的测定等。

生物传感器的发展方向包括开发新材料，采用新工艺；研究仿生传感器；研究多功能集成的智能传感器；发展成本低、高灵敏度、高稳定性、高寿命和微型化生物传感器等。

知识拓展

简易智能电动车的设计

1. 设计要求

1）设计基本要求

（1）电动车从起跑线出发（车体不得超过起跑线），沿引导线到达 B 点，行驶路线如图 9-8 所示。在直道区铺设的白纸下沿引导线埋有 1~3 块宽度为 15 cm、长度不等的薄铁片。电动车检测到薄铁片时要立即发出声光指示信息，并实时存储、显示在直道区检测到的薄铁片数目。

（2）电动车到达 B 点以后进入弯道区，沿圆弧引导线到达 C 点（也可脱离圆弧引导线到达 C 点）。C 点下埋有边长为 15 cm 的正方形薄铁片，要求电动车到达 C 点检测到薄铁片后，在 C 点处停车 5 s，停车期间发出断续的声光信息。

（3）电动车在光源的引导下，通过障碍区进入停车区并到达车库。电动车必须在两个障碍物之间通过且不得与其接触。

（4）电动车完成上述任务后应立即停车，但全程行驶时间不能大于 90 s，行驶时间达到 90 s 时必须立即自动停车。

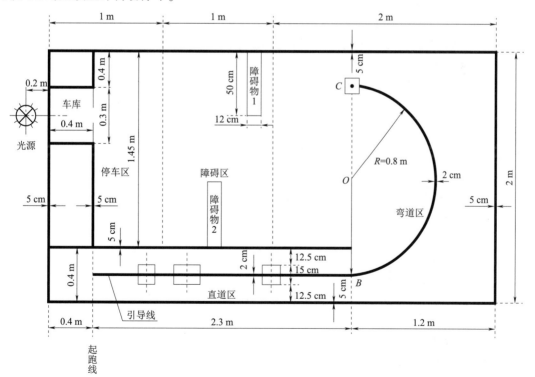

图 9-8　行驶路线

2）补充部分及说明

（1）电动车在直道区行驶过程中，存储并显示每个薄铁片（中心线）至起跑线的距离。

（2）电动车进入停车区后，能进一步准确驶入车库中，要求电动车的车身完全进入车库。

（3）停车后，能准确显示电动车全程行驶时间。

（4）跑道上铺设白纸，薄铁片置于纸下，铁片厚度为 0.5～1.0 mm。

（5）跑道边线宽度为 5 cm，引导线宽度为 2 cm，可以涂墨或粘黑色胶带，图 9-8 中的虚线和尺寸标注线不要绘制在白纸上。

（6）障碍物 1、2 可由包有白纸的砖组成，其长、宽、高约为 50 cm、12 cm、6 cm，两个障碍物分别放置在障碍区两侧的任意位置。

（7）电动车允许用玩具车改装，但不能由人工遥控，其外围尺寸（含车体上附加装置）的限制为：长度≤35 cm，宽度≤15 cm。

（8）光源采用 200 W 白炽灯，白炽灯底部距地面 20 cm，其位置如图 9-8 所示。

（9）要求在电动车顶部明显标出电动车的中心点位置，即横向与纵向两条中心线的交点。

2. 任务实施

1）总体方案设计

根据题目要求，系统可以划分为信号检测和控制两大部分。其中，信号检测部分包括金属探测模块、障碍物探测模块、路程测量模块、路面检测模块和光源探测模块；控制部分包括电动机驱动模块、显示模块、计时模块和状态标志模块。因需要控制的模块较多，可选用 Atmel 公司的 AT89C51 和 AT89C2051 作为系统控制器的双单片机方案，这样减轻了单个单片机的负担，提高了系统的工作效率。同时，通过单片机之间分阶段的互相控制，减少了外围设备。系统总体结构如图 9-9 所示。

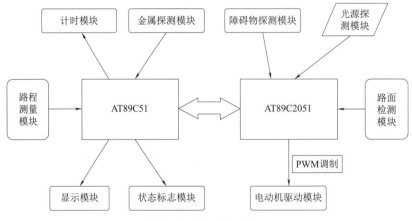

图 9-9　系统总体结构

2）硬件设计

（1）主要检测电路设计。

①光电检测电路。

因为要对电动车行驶经过的固定地点进行判断，并做出相应的动作，所以必须将电动车经过固定地点时的标记转换成电信号。考虑到电动车是在白色路轨上行驶，固定地点有黑色标记，可以采用光电检测对管来检测是否到达黑色标志处。同时，还必须检测跑道两侧，适当的调整前轮，以防撞墙。

光电检测电路如图 9-10 所示，一体化红外发射接收 IRT 中的发射二极管导通，发出红外光线，经反射物体反射到接收管上，使接收管的集电极与发射极之间电阻变小，输入端电位变低，输出端为高电平，晶体管导通，C 极为低电平，再经施密特反相器后变为高电平，输入 AT89C51 单片机的 INTO 口。当红外光线照射到黑色条纹时，反射到 IRT 中的接收管上的光量减少，接收管的集电极与发射极之间电阻变大，晶体管截止，故晶体管的 C 极为高电平，再经反相器后输入单片机的信号为低电平。

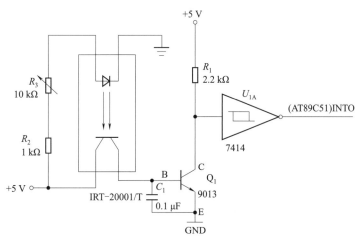

图 9-10　光电检测电路

②障碍物探测电路。

在电动车行驶的路线中有两个障碍物，电动车要避开障碍物行驶，避免与障碍物相撞。当与障碍物的距离小于 20 cm 时后退，大于 20 cm 时前进。在电动车的前部安置了两个超声波传感器，一个用于发射超声波，一个用于接收超声波，如图 9-11 所示。该传感器的振荡频率为 38 kHz 的超声波信号（38 kHz 信号由单片机输出给晶体管的输入端），晶体管用于放大信号，以增加驱动能力，传感器发出脉冲超声波信号，并以 365 m/s 的速度在空气中传播，同时检测系统开始计时。超声波如果在传播途中碰到障碍物就会反射回来，超声波接收器接到的反射波经晶体管放大后，经过一个选频电路输出，连接到单片机口，通知单片机停止计时。

③光源探测电路。

电动车在光源的引导下，通过障碍区进入停车区并到达车库。由于光源会发出光线，考虑到光敏电阻能感测到光的明暗变化，因此在设计中采用光敏电阻传感器。光源探测电路如图 9-12 所示，由于采用的是白炽灯，光线是散射的，为了便于电动车能在偏离光源一定角度的情况下仍能检测到光线，故电路使用了 3 个互成角度的传感器组，这样增加了电动车的检测范围。

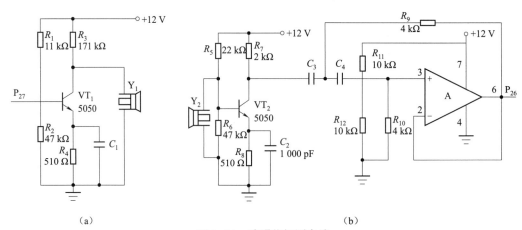

图 9-11　障碍物探测电路

（a）超声波发射电路；（b）超声波接收电路

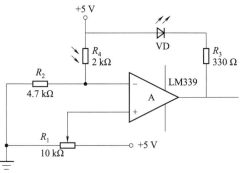

图 9-12　光源探测电路

④金属探测电路。

在电动车行驶的轨道上放置了薄铁片，在弯道区也有一块薄铁片，要求电动车在行驶过程中对轨道上的薄铁片进行探测，并且检测到 C 点上的薄铁片后停车。选用电感谐振测量法，金属探测电路如图 9-13 所示，电容 C_1、C_2、C_3 和电感 L 构成 LC 振荡回路，经晶体管放大后输出信号，经过整流滤波电路输出给单片机口。

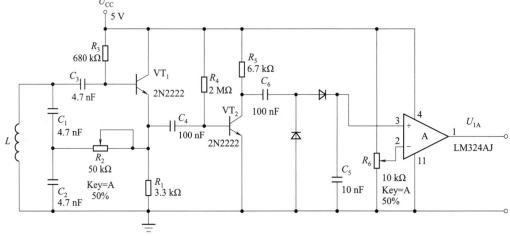

图 9-13　金属探测电路

⑤路面检测电路。

探测路面黑线的基本原理：光线照射到路面并反射，由于黑线和白纸对光的反射系数不同，所以可根据接收到的反射光强弱来判断黑线。

为了检测路面黑线，在车底的前部安装了 3 组反射式红外传感器。其中，左右两旁各有一组传感器，由 3 个传感器组成"品"字形排列，中轴线上为一个传感器。因为若采用中部的一组传感器的接法，有可能出现车驶出拐角时无法探测到转弯方向。若有两旁的传感器，则可以提前探测到哪一边有轨迹，方便程序的判断。采用传感器组的目的是防止地面上个别点引起的误差。组内的传感器采用并联形式连接，等效为一个传感器输出，取组内电压输出高的值为输出值。这样可以防止黑色轨迹线上出现浅色点而产生的错误判断，但无法避免白色地面上的深色点造成的误判。因此，在软件控制中进行计数，只有连续检测到若干次信号后才认为是遇见了黑线。同时，采用传感器组的形式，可以在其中一个传感器失灵的情况下继续工作。中间的一个传感器在寻光源阶段开启，用于检测最后的黑线标志。

每个寻迹传感器由 3 个 ST178 反射式红外传感器组成，其内部由高发射功率红外光电二极管和高灵敏度光电晶体管组成，具体电路如图 9-14 所示。

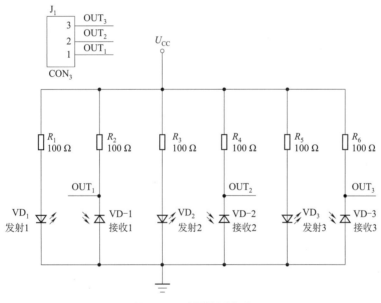

图 9-14　路面检测电路

⑥路程测量电路。

路程的检测可先对车轮转速进行测量，再通过计算测出路程。考虑电动车车轮较小，若用霍尔传感器进行测速，磁片安装十分困难且容易产生相互干扰，所以选用光电码盘进行检测。

在车轴上固定一个沟槽状的断式红外开关，共有 18 个沟槽，用尺测得电动车后轮周长为 16.5 cm，在单片机控制时，每检测到一个脉冲，认为电动车前进了 0.9 cm。实际测量时，由光电装置检测得到的波形不是很理想，因此，先对其进行放大，并通过施密特电路整形后送入单片机计数。

设 N 为光电码盘计数值，则行程 $S = 0.9N$。

放大整形电路如图 9-15（a）所示；未经过整形的波形如图 9-15（b）所示，为不规则的模拟信号；经过整形后的波形如图 9-15（c）所示，为理想方波。

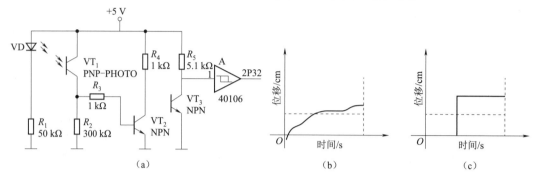

图 9-15　车速检测电路

（a）放大整形电路；（b）未经过整形的波形；（c）经过整形后的波形

（2）主要控制电路设计。

①稳压电源（+5 V）。

由于本任务中用来驱动电动车的电源为 9 V，而单片机工作电源为 5 V，所以要选用 7805 稳压器把 9 V 直流电源稳定在 5 V，如图 9-16 所示。输入端接电容 C_1，可滤除纹波，输出端接电容 C_2，可以减轻负载的瞬态影响，使电路更稳定工作。

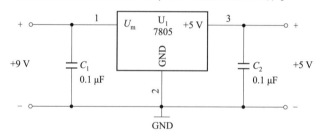

图 9-16　固定式三端稳压器

②电动机驱动电路。

因为要求电动车前进、后退、加速、减速，并且由单片机控制，所以要求设计的驱动电路可控制电动机的正反转，设计的电路如图 9-17 所示。图中的 6 个晶体管是这个电路的关键，这 6 个晶体管的导通与否关系到电动机的停止和正反转。由于这个电路由单片机控制，所以与单片机的接口相接时，必须用光耦合器隔开。另外，考虑到单片机的输入输出口驱动能力很差，所以在光耦合器之前，加两个施密特反向器来增加其驱动灵敏度。若 P1.0 输出高电平，则接到的是电路左边的输入；若 P1.1 输出高电平，则接到的是电路右边的输入。这时，左边光耦合器导通，右边光耦合器不通，U_1、U_4、U_5 导通，另外几个截止，电动机正转，前进。反之，P1.0 为低电平，P1.1 为高电平，电动机反转，后退。

③显示模块实现。

显示模块由单片机控制，它显示薄铁片的数目、电动车已经走过的距离、各铁片距离起点的距离、走完全程所需的时间，共 8 位，选用的是 FYD12864 型显示器。FYD12864-0402B 是一种具有 4 位/8 位并行、2 线或 3 线串行多种接口方式，内部含有国标一级、二

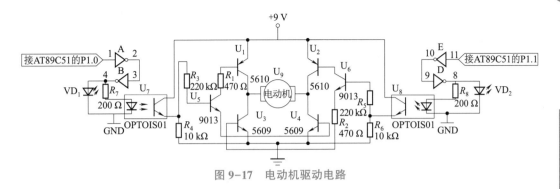

图 9-17　电动机驱动电路

级简体中文字库的点阵图形液晶显示模块。其显示分辨率为 128×64，内置 8 192 个 16×16 点汉字，128 个 16×8 点 ASCII 字符集。该显示器具有大屏幕显示、显示清晰、视觉范围广、价格低等优点，低电压、低功耗是其又一显著特点。与同类型的图形点阵液晶显示模块相比，不论其硬件电路结构还是显示程序都要简洁得多，且该模块的价格也略低于相同点阵的图形液晶模块。

3）系统软件设计

因为在程序中不涉及精确实时操作，所以使用 C 语言进行软件编写，这样可以大大提高程序编写的效率。软件设计采用了原子模块循环法，主程序流程如图 9-18 所示。其中，程序体主要有采集模块、处理模块、判断模块、存储模块、输出模块等，限于篇幅，这里不详细介绍。

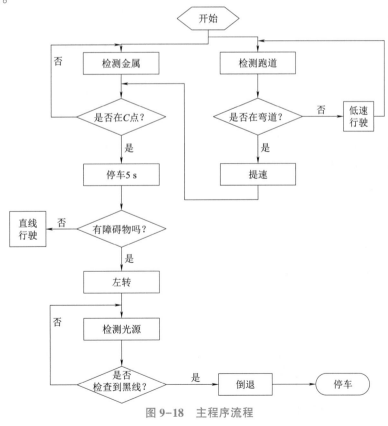

图 9-18　主程序流程

项目实施

请完成表9-6所示的项目工单。

表9-6 项目工单

任务名称	简易智能电动车设计	组别	组员：

一、任务描述

智能电动车系统可以划分为信号检测和控制两大部分。其中，信号检测部分包括金属探测模块、障碍物探测模块、路程测量模块、路面检测模块和光源探测模块；控制部分包括电动机驱动模块、显示模块、计时模块和状态标志模块。因需要控制的模块较多，可选用 Atmel 公司的 AT89C51 和 AT89C2051 作为系统控制器的双单片机方案，这样减轻了单个单片机的负担，提高了系统的工作效率。同时，通过单片机之间分阶段的互相控制，减少了外围设备。

二、技术规范（任务要求）

智能电动车可以按照规定完成路线行进，基本要求如下。

（1）光电检测电路：对电动车行驶经过的固定地点进行判断，并做出相应的动作。

（2）障碍物探测电路：在电动车行驶的路线中有两个障碍物，电动车要避开障碍物行驶，避免与障碍物相撞。

（3）光源探测电路：电动车在光源的引导下，通过障碍区进入停车区并到达车库。

（4）金属探测电路：在电动车行驶的轨道上放置了薄铁片，在弯道区也有一块薄铁片，要求电动车在行驶过程中对轨道上的薄铁片进行探测，并且在检测到薄铁片后停车。

三、计划（制订小组工作计划）

工作流程	完成任务的资料、工具或方法	人员安排	时间分配	备注

四、决策（确定工作方案）

（1）小组讨论、分析、阐述任务完成的方法、策略，确定工作方案。

（2）教师指导、确定最终方案。

五、实施（完成工作任务）

工作步骤	主要工作内容	完成情况	问题记录

六、检查（问题信息反馈）

反馈信息描述	产生问题的原因	解决问题的方法

七、评估（基于任务完成的评价）

（1）小组讨论，自我评述任务完成情况、出现的问题及解决方法，小组共同给出改进方案和建议。

（2）小组准备汇报材料，每组选派一人进行汇报。

（3）教师对各组完成情况进行评价。

（4）整理相关资料，完成评价表。

续表

任务名称				姓名	组别	班级	学号	日期
考核内容及评分标准				分值	自评	组评	师评	均分
三维目标	素质	自主学习、合作学习、团结互助等		25				
	认知	任务所需知识的掌握与应用等		40				
	能力	任务所需能力的掌握与数量等		35				
加分项	收获（10分）	你有哪些收获（借鉴、教训、改进等）：	你进步了吗？		加分			
			你帮助他人进步了吗？					
	问题（10分）	发现问题、分析问题、解决方法、创新之处等：			加分			
总结与反思					总分			

八、拓展（基于本任务延伸的知识与能力）

九、备注（需要注明的内容）

指导教师评语：

任务完成人签字：　　　　　　　　　　　　　日期：　　　年　　　月　　　日

指导教师签字：　　　　　　　　　　　　　　日期：　　　年　　　月　　　日

项目小结

（1）自动检测就是使用自动化仪器仪表或系统，在最少的人工干预下自动进行并完成检测测量、试验、检验的全部过程。检测技术的发展趋势为传统的检测仪器正在被计算机化的现代自动检测仪器和技术所代替。自动检测仪器优点包括多功能、高精度、高可靠性、体积小、质量轻、功耗小等。面对生产和科研要求，自动检测系统可以实现动态、快速、多参数、实时和自动测量及数据处理。

（2）自动检测系统特点：

①检测速度快，准确度高；

②检测功能多，能力强；

③多数自动检测仪器都具有量程自动切换功能；

④具有多样化的娴熟记录检测结果的方式；

⑤操作简单、方便。

（3）现代检测系统的3种基本结构体系，即智能仪器、个人仪器与自动测试系统。

（4）现代检测技术的发展趋势：

①不断拓展测量范围，努力提高检测精度和可靠性；

②传感器逐渐向集成化、组合式、数字化方向发展；

③重视非接触式检测技术研究；

④检测系统智能化。

（5）智能传感器的重点发展方向：

①通过 MEMS 工艺和 IC 平面工艺的融合，将微处理器和微传感器集成，依靠软件技术，大大提高传感器的准确性、稳定性和可靠性（工艺）；

②采用硬件软化、软件集成、虚拟现实、软测量和人工智能的方法和技术，研究开发具有拟人智能特性或功能的智能传感器（技术）；

③向高精度、高可靠性、宽温度范围、微型化、微功耗及无源化、网络化、具有故障探测（包括自主入侵报警）和预报功能等方向发展（性能与功能）。

（6）智能传感器的概念：智能传感器是一种带有微处理器，兼有信息检测、信息处理、信息记忆、逻辑思维与判断功能的传感器，这些功能使之具备了某些人工智能。它将机械系统及结构、电子产品和信息技术完美结合，使传感器技术有了本质性的提高。

（7）智能传感器主要由4部分构成：电源、敏感元件、信号处理单元和通信接口。敏感元件将被测物理量转换为电信号，放大后经 A/D 转换成数字信号，再经过微处理器进行数据处理（校准、补偿、滤波），最后通过通信接口与网络数据进行交换，完成测量与控制功能。

（8）智能传感器的特点：

①精度高；

②高可靠性与高稳定性；

③高信噪比与高分辨率；

④自适应性强；

⑤性能价格比高。

（9）生物传感器的定义：根据 GB/T 7665—2005《传感器通用术语》的规定，传感器定义为能感受规定的被测量信号并按照一定的规律转换成可用输出信号的器件或装置，通常由敏感元件和转换元件组成。其中，敏感元件是指传感器中能直接感受或响应被测量信号的部分；转换元件是指将敏感元件感受或响应的被测量信号转换成使用于传输或测量的电信号部分。

（10）生物传感器的组成：生物传感器由生物识别元件和信号转换器组成，能够选择性地对样品中的待测物质发出响应，通过生物识别系统和电化学或其他传感器把待测物质的浓度转为电信号，根据电信号的大小定量测出待测物质的浓度。生物传感器是应用生物活性材料（如酶、蛋白质、DNA、抗体、抗原、生物膜等）与物理或化学信号转换器有机结合的一门交叉学科，是发展生物技术必不可少的一种先进的检测方法与监控方法，也是物质在分子水平的快速、微量分析方法。

（11）生物传感器的功能。

①感受：提取出动植物发挥感知作用的生物材料，包括生物组织、微生物、细胞器、酶、抗体、抗原、核酸、DNA 等。实现生物材料或类生物材料的批量生产，反复利用，降低检测的难度和成本。

②观察：将生物材料感受到的持续、有规律的信息转换为人们可以理解的信息。

③反应：将信息通过光学、压电、电化学、温度、电磁等方式展示出来，为人们的决策提供依据。

（12）生物传感器的特点：

①测定范围广泛；

②使用时一般不需要样品的预处理，样品中被测组分的分离和检测同时完成，且测定时一般无须加入其他试剂；

③采用固定化生物活性物质作敏感基元（催化剂），价值昂贵的试剂可以重复多次使用；

④测定过程简单迅速；

⑤准确度和灵敏度高，相对误差一般不超过 1%；

⑥它的体积小，可以实现连续在线监测，容易实现自动分析；

⑦专一性强，只对特定的底物起反应，而且不受颜色、浊度的影响；

⑧可进入生物体内；

⑨成本远低于大型的分析仪器，便于推广普及。

（13）生物传感器的分类。

根据传感器输出信号的产生方式分类：亲和型生物传感器、代谢型生物传感器、催化型生物传感器。

根据生物传感器中信号检测器（分子识别元件）上的敏感物质分类：酶传感器、微生物传感器、组织传感器、细胞及细胞器传感器、基因传感器、免疫传感器等。

根据生物传感器的信号转换器分类：电化学生物传感器、半导体生物传感器、热学型生物传感器、光学型生物传感器、声学型生物传感器等。

根据检测对象的多少分类：以单一化学物质为检测对象的单功能型生物传感器和同时检测微量多种化学物质的多功能型生物传感器。

根据生物传感器的用途分类：免疫传感器、药物传感器等。

习题与思考

1. 何谓现代检测系统？现代检测系统有哪些基本结构？
2. 现代检测系统的特点及功能是什么？
3. 现代检测系统设计的主要内容包括哪些？
4. 智能传感器的重点发展方向是什么？
5. 智能传感器四个构成部分是什么？
6. 智能传感器的特点有哪些？
7. 生物传感器的定义是什么？
8. 生物传感器的组成有哪些？
9. 生物传感器的功能有哪些？

参 考 文 献

[1] 宋健. 传感器与检测技术 ［M］. 北京：北京理工大学出版社，2007.

[2] 李娟. 传感器与检测技术 ［M］. 北京：冶金工业出版社，2007.

[3] 王煜东. 传感器应用技术 ［M］. 西安：西安电子科技大学出版社，2007.

[4] 柳桂国. 传感器与自动检测技术 ［M］. 北京：电子工业出版社，2010.

[5] 贾海赢. 传感器技术与应用 ［M］. 北京：高等教育出版社，2015.

[6] 杨少春. 传感器原理及应用 ［M］. 北京：电子工业出版社，2011.

[7] 俞云强. 传感器与检测技术 ［M］. 北京：高等教育出版社，2013.

[8] 苑会娟. 传感器原理及应用 ［M］. 北京：机械工业出版社，2017.

[9] 梁长垠. 传感器应用技术 ［M］. 北京：高等教育出版社，2018.

[10] 梁森. 传感器与检测技术项目教程 ［M］. 北京：机械工业出版社，2015.

[11] 许姗. 传感器技术及应用 ［M］. 北京：清华大学出版社，2017.

[12] 刘映群，曾海峰. 传感器技术及应用 ［M］. 北京：中国铁道出版社，2016.

[13] 刘娇月，杨聚庆. 传感器技术及应用项目教程 ［M］. 北京：机械工业出版社，2016.

[14] 徐兰英. 现代传感器与检测技术 ［M］. 北京：国防工业出版社，2015.

[15] 金发庆. 传感器技术与应用 ［M］. 北京：机械工业出版社，2017.

[16] 林玉池，曾周末. 现代传感器技术与系统 ［M］. 北京：机械工业出版社，2009.